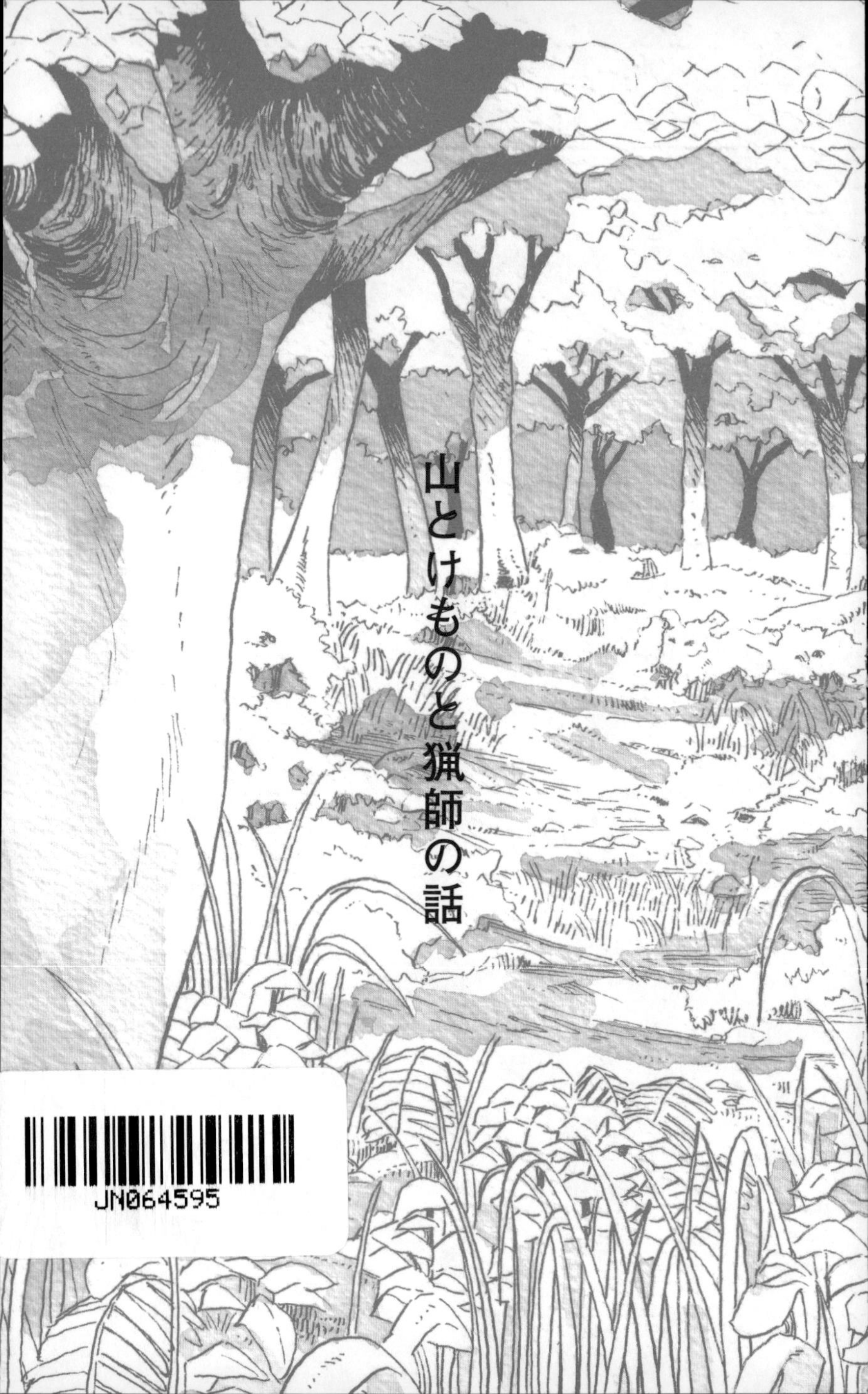
山とけものと猟師の話

山とけものと猟師の話

高橋秀樹

静岡新聞社

フゴッ
フゴッ

目次

はじまり

僕は鹿児島県の山間の村に生まれた。

北と東西を山に囲まれ、とくに北の山は、高い壁のように聳《そび》えていた。わずかに開いた南側が唯一、よその世界に繋がる窓だったような、子どもの頃の記憶がある。ともかく、行き止まりの村といった感じであった。

村の最奥には神社があり、その境内から湯がコンコンと湧き、神社の脇には村営の共同浴場があった。「神の湯」と呼ばれており、大晦日《おおみそか》の晩に、この湯に浸かりにいくのが我が家の年中行事だった。神の湯には、人も浸かったが、渋柿も浸かった。柿専用の湯船から上がると渋柿は、「あおし柿」という、ほのかに硫黄の匂いのする、甘くておいしいおやつに変身した。

我が家は、農家だった。米や葉タバコ、野菜を作っていた。牛、豚、ニワトリ、猫もいてうるさいくらいに賑やかだった。いつの頃からかヤギも加わり、僕はその世話係になり、乳もしぼった。学校から帰ると草を食べさせるために近くの土手に連れていき、柵に結わえ、遊びに行くのが日課のようになっていた。ところがある日の夕方、ヤギを迎えにいくと、結わえた紐に首を絡ませぶら下がり、死んでいた。翌日の夜、父親が友人らと焼酎を飲みながら鍋を囲んでいた。鍋の中身は分かっていた。僕は、夕飯も食べず、布団にくるまり、以来、ヤギ小屋は空っぽのままであった。

娯楽の少ない子どもたちにとっては、山や川は遊び場であり、自然からの知恵を学ぶ〝学校〟でもあった。ズボンのポケットには、いつも「肥後守」という折りたたみナイフが入っていた。秋になると、森に入り「くびち」と呼ばれるヒヨドリを捕るためのワナを仕掛けたりもした。細い灌木のしなりを利用した跳ね上げ式のワナで、クチナシの実などを餌にした。だが、僕は一度もヒヨドリを捕った記憶がない。トリモチでメジロ捕りをやったこともあるが、こちらも下手だった。今はメジロを捕ったり飼ったりすることはご法度だし、ヒヨドリだって勝手に捕ってはいけない。そう振り返ると、僕が少年だった昭和30年代は、まだまだ荒っぽくて、大らかな時代だったのかもしれない。

村には「夜星川《よぼしがわ》」という、お伽噺《とぎばなし》に出てきそうな名の川が流れていた。川にはカワムツやアブラハヤがうようよしており、夏場、水中メガネで川底を覗くとハゼが小石に吸盤をくっつけていた。方言でゲギュ(ギギ)というナマズの仲間もいて、虎模様が熱帯魚を思わせた。カワムツやアブラハヤはご飯粒でも釣れる魚で、泥臭く、釣って帰ってもたいていは猫の餌だった。大人たちが喜ぶのはウナギや〝山太郎ガニ〟と呼ばれるモクズガニだったが、仕掛けが難しくて、子どもたちの手には負えなかった。

隣家に〝狩猟民〟と呼ぶにふさわしい一家が住んでいた。ジイサマは川漁の名人だった。冬場は炬燵で背中を丸めているような小柄なジイサマであったが、水がぬるむ頃になると背筋がピンとしてきて、夏から秋にかけて、川をちょこまか動き回る姿をよく見かけた。石で堰を作った竹かごの仕掛けにはたくさんのカニが入っていたし、竹で編んだウナギ筒もいつも豊漁だった記憶がある。息子であるオジサンは銃猟をやっていた。普段は山仕事をして、冬場に狩りをするのだ。獲ったイノシシは、河原で毛を焼く。獲物は温泉宿などに卸しているようだった。

しかし、中学校に上がる頃から僕の興味は別のものに移っていく。部活や音楽、それに女の子も気になり始め、町の高校に通う頃には山や川とはすっかり疎遠になってしまった。むしろ、草深い田舎が煩わしくさえ思えた。高度経済成長とは裏腹に農山村が疲弊していく姿は、子どもの目にも明らかだった。都会に憧れ、高校を卒業すると田舎を飛び出した。

30代はバブル景気の時代であった。フリーの物書きとしてそれなりに忙しかったが、同時に都会暮らしに息苦しさを覚えていた。そんな頃、ひょんなことから渓流釣りを覚えた。初めての釣行は群馬県上野村だった。上野駅から高崎線に乗り、バスを乗り継ぎ、終点から1時間くらい歩いた浜平という集落の民宿に泊まった。民宿のオヤジさんの手ほどきで初めて釣ったヤマメの美しさは忘れない。その瞬間に、記憶の奥底に沈んでいた〝自然の暮らし〟がゆらゆらと立ち上がってきた。

森に暮らす人びとを訪ねて

バブルが弾けてしばらくした頃の話だ。1ヵ月くらいかけて北米の先住民インディアンを訪ねたことがある。

カナダ西海岸のバンクーバーから車で北へ1時間半ほど走ると日本人観光客にも人気のスキーリゾート、ウィスラーだ。そこからさらに30、40分北東に進むと、目指すマウント・クリー・インディアン・バンドがあった。カナダ先住民の居留地の一つで、住民は「リルエット・ネーション」と呼んでいる。2000m級の山々に囲まれ、リルエット湖にそそぐ2本の川が集落内を流れている。

もともとはサーモン漁と、森での狩猟採集で自給自足してきた半定住の民だと聞いていた。ただ、白人による同化政策によって、混血が進み、取材当時、衣食住の大部分は西洋化されていた。しかし、彼らの存在理由ともいえるサーモン漁と狩猟は、暮らしの中にしっかりと根を張っていた。

村に着いた夜、ビールを手土産に一人の人物を訪ねた。愛称ボボ。年齢は40歳前後だったろうか。束ねた長い黒髪、無駄のない体、人の心を射抜くような鋭い眼光。〝これぞインディアン〟という男を見た気がした。

ボボの住まいは川のほとりの小屋。中に入ると、彼の手による木彫りやカービングナイフが並ぶテーブルのほかは、古びたソファだけで家具らしい家具はない。電気もガスもなく、代わりは薪ストーブとランプだ。話を聞くうちに、毎日が自給自足に近く、伝統的なリルエットインディアンの暮らしに強いこだわりを持っていることが分かってきた。

そのうちに森の話になった。例えばレイブン（ワタリガラス）は、いたずら者で知恵者であるという話。ボボが言うには、狩りをしていてレイブンに出会うとうまくないらしい。レイブンがギャーギャー騒いで周りの動物を逃がしてしまうのだ。一度、それで大きなヘラジカを取り逃がしてしまったと教えてくれた。

彼はまた自作のインディアンドラムを取り出して、描かれた絵の説明を始めた。母なる大地の周りに、いろいろな動物の足跡が輪になっていて、人間の足跡もあった。つまり、人間も獣も自然界の一部であり、上も下もないことを示すのだという。

ボボの友人で、村のリーダー的な存在のアルビン・ネルソンにも出会うことができ、僕らは彼の所有するトレーラーハウスに滞在することになった。30代後半のアルビンは、まさにモンゴロイドの末裔の面立ちで、少々気性の激しい奥さんと2人の息子がいた。奥さんはヨーロッパ系の血が入っているらしい。だが、パンツもはかずに泥遊びをする1歳8ヵ月の息子のお尻には可愛らしい蒙古斑がしっかりとあった。

リルエットを訪ねたのは9月の半ば。ちょうどソーカイサーモン（紅ザケ）漁の最中で、ボボやアルビンたちとリルエット湖に刺し網漁に出かけた。この季節には村人が湖畔に寝泊まりしながら漁をする。獲ったサーモンは、燻製や干物にして保存し、冬に備えるのだ。湖畔では、長老が10代の子どもたちに伝統的なサーモンの捌き方を教えていた。

ある朝、ネルソン家の犬の吼声で目が覚めた。声のする方に行ってみると、牧場の先に黒いモノが動いている。アルビンが「若いブラックベアだ。牧草を食べにきたんだろう。日常のことだ」と言った。遠巻きに吼える犬に嫌気がさしたのか、しばらくしてクマは森の中に消えた。

別の日、ボボやアルビンたちと狩りに出た。猟場は、下草に覆われた見晴らしのいい山で、ところどころに針葉樹が茂っている。狙う相手はクマだという。だが、獲物の気配はない。獣道を汗だくで登りながら、ふと辺りを見回すとヤマウドに似た花が目に入った。アルビンに尋ねると「薬草だ」と返ってきた。

アルビンは薬草に詳しく、薬草を見つけるたび、一つ一つ、その効能を教えてくれた。

ただ「薬草が暮らしの中からだんだん消えていっている。以前、ある長老のお婆さんだけが知っている、膝に効く薬草があったのだけれど、そのお婆さんが死んでしまったので、幻の薬草になってしまった。自然と共生してきた伝統的な暮らしがだんだん薄れつつある」と少し寂しげだった。

その日の狩りで、ボボは1頭のシカを仕留めた。実にあっけなく、感情の入る余地のない静かな命のやりとりを見た。帰りの車の中でボボが口を開いた。「白人はシカの頭を飾るために殺すが、俺たちは食べるために殺す。肉は俺たちが頂くが、魂は奪えない。あの死んだシカは、また何かに生まれ変わる」

リルエットを去る前の夜、ボボやアルビンらと焚き火を囲みビールを飲んだ。暮らしは厳しくとも、自然を糧とし、共に生きている姿は羨ましく思えた。

日本のマタギに会いにいく

山の暮らしへの興味は募っていった。お金がすべての都会暮らしの中で、〝自給自足〟や〝狩猟採集〟というライフスタイルが、新しい価値として輝いて見えたのだ。

そんなきっかけも手伝って、'90年代の中頃、東北のマタギに会いに行くようになった。

最初に訪ねたのは、奥羽山脈の山懐にある岩手県和賀郡沢内貝沢に暮らす猟師だ。地元で名を知られたクマ撃ちの名人と聞いていたが、会ってみると少し前に現役を退いたお爺さんだった。痩身で、浅黒い顔に刻まれた深い皺が印象的だ。方言が聞き取りにくい上に「鉄砲やって耳が遠くなってな」と言う。話は奥さんが逐一、大声で〝通訳〟してくれた。

お爺さんは、戦前戦後を通じ、狩猟で子ども3人を育て上げたといっても過言ではない。猟期にはほぼ毎日山に入った。終戦間際に召集令状がきて中国大陸に出征したが、配属は兵站で荷馬車を転がす日々だったという。復員して故郷に帰り、久々に山に入ったとき「眼《まなぐ》が熱《あづ》くなってしかだなかったなあ」としみじみ語った。

猟期に入ると、早朝から奥さんは弁当のオニギリを3つ握る。それには意味がある。山で2つ食べ、1つは必ず残す。「朝、家を出てから玄関に辿り着くまでが猟。途中、何があるかも知れない。だから1個残しておく。最後まで気を抜くなってことだ」。長い狩猟人生で、山で危ない目に遭ったことはないと振り返ったが「一度だけ、雨でもないのに、夜、ずぶ濡れで帰ってきたことがあった」と奥さんが言った。「川にはまった。あれはキツネにだまされたんだ」と、老猟師は真顔で呟いた。

マタギの故郷といわれる秋田県阿仁町《あにまち》も、何度か訪ねた。マタギナガサと呼ばれる山刀の鍛冶職人で、猟師の西根稔さん（故人）は、山の語り部でもあった。西根さんが打つマタギの伝統的なナガサにフクロナガサという業物《わざもの》があった。刃と柄が一体になったもので、柄が袋状になっている。その袋の部分に木の棒を差し込むと槍になる。かつてはクマと命のやり取りをした刃物だ。西根さんは、山に入るとき、無骨で飾り気のないフクロナガサをいつも腰に差していた。

西根さんの狩猟仲間とクマの巻狩りに同行させてもらったことがある。猟場に着くと、西根さんが山に向かって放尿した。「山の神さまは女だから、喜ぶさ」と笑った。「ホヤー、ホヤッ」と勢子《せこ》が声をかけながら、尾根筋へとクマを追い上げ、尾根筋でブッパ（射手）が待つという猟法である。獲物はなかったが、ブナの森は豊穣だった。ナラタケやシメジ、中でもブナカノカ（ブナハリタケ）は、ブナの倒木にびっしり生えており、輝くような白さに驚かされた。西根さんは「ブナ山の真珠」と言った。そうした山の恵みをおいしい郷土料理として仕立て上げた奥さんの腕前も忘れられない。

あれから30年ほど経つだろうか。マタギたちが躍動していた時代が遠い昔のように思える。それほど日本の森は様変わりしてしまった。十数年前から、全国各地で野生動物と人間の軋轢が問題になっているのだ。一体今、山で何が起きているのだろうか。

第一章　身近な山で起こっていること

シカが増え、山が荒れていく

僕は縁あって富士山の麓に暮らしている。静岡県は500km以上の海岸線を持ち東西に長いが、富士山や3000m級の山々が連なる赤石山脈を抱えた山国でもある。都市部を少し離れると茶畑や田畑が広がる中山間地だ。そして、ここ静岡でもシカやイノシシといった野生動物との軋轢《あつれき》が深刻になっている。僕らの身近にある農山村でも静かに、しかし確実に、異変は進行していた。

数年ほど前、伊豆の山々を歩いた時のことだ。天城山の八丁池口から皮子平《かわごだいら》へと向かう登山道。ブナやヒメシャラ、カエデといった気持ちのいい落葉広葉樹の森で弁当を広げながら、地元のガイド氏がふと呟いた。

「昔に比べて、ずいぶんと森の景色が変わっている」

始めは、どういうことなのかピンとこなかった。天城生まれで、その自然を長年見つめてきた年配のガイド氏によると、天城の林床は以前、スズタケという背の高いササに覆われていた。しかし今、シカの食害によってすっかり枯れてしまったというのだ。ガイド氏

シカの「皮剥ぎ」の被害にあい、立ち枯れてしまった達磨山の木々

が指さした先には立ち枯れしたスズタケの群落があった。

「登山者にとってはササがない分、歩きやすいかもしれないけれど、実は、植生に異変が起きている表れです」

後日、天城山の万三郎岳（１４０５・６ｍ）に登るために登山口に通じる遠笠山道路を走っていたとき、道路脇にシカが群れていた。

西伊豆の達磨山（標高９８２ｍ）を歩いたときにもシカの食害の話を耳にした。天城山とは違って、その頂上付近はササに覆われ、視界が広やかな高原の趣である。ところが登山道沿いには枯れた木がまばらに立っている。シカが木の樹皮を剥《は》ぎ取って食べる「皮剥ぎ」による被害だという。樹皮をぐるっと剥ぎ取られると木は立ち枯れしてしまう。

「サラサドウダンやリョウブといった樹木がシカの食害にやられてしまった」と、ガイド氏。達磨山から金冠山へ向かうと、途中にアセビの森があった。

「この森は大丈夫そうですね」というと「漢字で馬が酔う木と書いて、馬酔木《あせび》と読ませるくらいでね、この木は有毒だからシカは食べない。そのうち、この辺りもシカの食害に遭わない植物だけになってしまうのかもしれない」と暗い声が返ってきた。

富士山の標高2300～2400m付近の森林限界の下には広大な森が広がっている。山頂を目指す登山者は気付かないかもしれないが、この森には増えすぎたシカによる食害がいたるところで見られる。植林地ではスギ・ヒノキの幼木が食べられ、大きなモミの木は皮剥ぎに遭っている。西臼塚（標高約1200m）の森を歩くと昼間でもシカが飛び跳ね、夜ともなれば群れで道路に現れる。

シカの食害は今や全国的な問題でもある。

吉野熊野国立公園の大台ヶ原を歩いた時、見るも無残な光景に出くわした。最高峰の日出ヶ岳（1694・9m）を山頂とするこの台状山地は、年間降水量が4000㎜以上という多雨の森だ。マツの仲間であるトウヒの森は日本のトウヒの南限とされ、苔むす鬱蒼《うっそう》とした森は大台ヶ原の原風景である。いや、あったはずだった。ところが山頂から正木ヶ原へと進むと異様な光景が現れた。白骨のように立ち枯れしたり倒れたりしている夥《おびただ》しい数のトウヒ。それはまるで木々の墓場のようだった。

大台ケ原ビジターセンターに話を聞くと、倒木の多くは、昭和34年（1959）の伊勢湾台風でなぎ倒されたものだった。その後、明るくなった林床にミヤコザサが繁殖し、それを餌にするシカが増え、おまけに元気なトウヒの樹皮まで食べられ、立ち枯れする事態になってしまったのだという。ミヤコザサの原っぱには網の目のように獣道が走り、シカの親子連れが逃げるそぶりもなくこちらをじっと窺っていた。

屋久島ではシカ（ヤクシカ）に弁当を盗み食いされた。ヤクスギランド（標高約1000m）で、宿で用意してもらった2食分の弁当のうち朝弁を食べ、トイレから戻るとベンチに置いていた昼の分が消えている。「ありゃ？」と、辺りを見回すと、1頭のシカが僕の弁当をむしゃむしゃと、ほとんど平らげていた。おまけに「もっとよこせ」とばかりに鼻を突き出してくる。まるで鹿せんべい（ちなみに原料は米ぬか、小麦粉）をねだる奈良公園のシカだ。観光客が餌付けでもしているのか、と勘繰りたくなる体験だった。

世界自然遺産の屋久島の森は、今や増えすぎたシカの食害が深刻化している。島の多くを占めるカシやシイといった常緑広葉樹や山菜としておいしいオオタニワタリなどの新芽ばかりではなく、落ち葉まで食べているらしい。森にとって落ち葉はやがて腐葉土になり、次代の植物や動物を育てる揺りかごである。保水性を高める大事な存在だ。もし、落ち葉がなかったら裸の地面になる。屋久島は「1カ月に35日雨が降る」というくらいに雨が降り、山は急峻で、雨水は一気に駆け下る。裸地化が進めば土壌が流出し、土砂災害などに繋がる危険性も高まるだろう。

南アルプスでは標高2000m以上にシカが出没し、希少な高山植物を食い荒らしているという。〝お花畑〟好きな登山愛好者にとっても悲しむべき事態だ。

この食害が、農林業にも大きな被害をもたらすようになった。被害に遭っているのはスギ・ヒノキやシイタケ栽培の原木になるクヌギ・コナラといった落葉広葉樹の若芽や、皮剥ぎだけではない。いまやシイタケやワサビ、ミカンといった農作物そのものまでも餌にしてしまう。森の生態系はもちろん、人里の農林業に至るまで、もはや放っておけないほどのスピードでシカの脅威が広がっている。

イノシシの被害も深刻だ。イノシシは標高の低い里山に生息し、水場の近くを好む。多産で、ほぼ100%の雌が毎年妊娠し、毎年4～5頭の仔を産む。ドングリやタケノコ、キノコ、植物の根などを食べるが、季節によっては昆虫やミミズ、サワガニなども食べる。ドングリが実る雑木林のような環境に棲んでいるのだが、時に人間の生活圏近くにも現れ、サトイモやサツマイモといった根菜類や、スイカやトウモロコシ、稲などにも手を出している。稲などは、ちょうど稲穂が垂れる前の柔らかいところを狙って食べてしまうため、農家にとっては打撃が大きい。実は、静岡県では農作物の被害額はイノシシによるものが最も多く、2億6000万円以上と鳥獣被害の約5割を占めている（平成21年度）。

日本の森に何が？

山を歩いて感じたことと、僕が調べられるデータから森の危機が迫っていることは分かった。さらに専門家の意見を聞くことにした。

静岡県くらし・環境部自然保護課の大橋正孝さん（取材当時）を訪ねる。静岡県に入庁後、森林・林業研究センターの研究員としてニホンジカの捕獲技術などについて研究してきた。狩猟免許を取得し、猟師と一緒にフィールドに出てシカの生息状況や狩りの実態を調査し、実践的な研究の上に基づいたシカのワナなどの開発を手がけている。

静岡でシカが問題になり始めたのはいつ頃なのだろう。

「伊豆半島でシカの食害がひどいという地域の声を受けて、県が生息状況を調べたところ、シカが高密度なことが分かり、計画を立てたのが平成16年（2004）。シカを科学的・計画的に管理して減らそうという五年計画で、まず伊豆地域からスタートしました。その後、調査を進めるうちに富士山山麓をはじめ、南アルプスや天竜地域など県内各所でシカが多く、被害や自然植生などに影響が出ている場所があることが分かってきました。今、県内でシカが増えていることは確かです」

静岡県交通基盤部森林整備課（当時）調査の「森林の被害面積状況」によると、シカの場合、平成11年（１９９９）に１１９ｈａだった被害面積が平成15年（２００３）には２１９ｈａと2倍近くになっている。農作物の被害額については平成17年（２００５）の１１７７万円から平成21年（２００９）には９１３０万円まで増えている。シイタケやワサビといった「特用林産物」の被害は平成17年では９８８１万円に上る。年ごとに多少のばらつきはあるが、シカが自然生態系や農林業に害を及ぼしていることは間違いない。

また、平成31年3月に、静岡・天竜・伊豆の森林管理署が開催した報告会で、県が報告した平成30年度のニホンジカ対策の資料を見ると、県は県内全域を対象とした第二種特定鳥獣管理計画を策定し、伊豆地域、富士地域、富士川以西地域に区分した対策を講じている。いずれの地域でもくくり罠による捕獲を中心に、地域の状況に合わせてプロ猟師たちによる忍び猟や誘引捕獲なども実施。これらの取り組みのいっそうの低コスト化、技術力の向上が必要であり、狩猟者の高齢化に伴う担い手の確保、生息密度に応じた防除方法を考えるなどの課題が浮き上がった。

県では、平成29年度だけで9000頭以上のシカを捕獲している。その内訳は、伊豆で6617頭、富士で2584頭、富士川以西292頭の計9493頭となっている。平成29年度末の推定頭数は、伊豆で27700頭、富士で23400頭（富士川以西は、推定平均生息密度7・8頭／㎢で伊豆の26・9頭／㎢、富士の29・2頭／㎢と比べれば高くないが近年増加傾向にある）、令和3年度末までの伊豆・富士の目標個体数は、それぞれ5000頭と、目標までの道のりがまだ遠いことも窺える。

そもそも、どうして問題になるほどシカが増えたのか。現場の猟師に話を聞いたり環境省の資料を調べたりしていると「保護」という言葉が目立つ時期があったことに気付く。

実は、昭和22年（1947）から平成18年（2006）までの60年近く、雌ジカは狩猟禁止にされていた。雄についても、昭和53年（1978）以降、捕獲頭数が1日1頭と制限されていたのだ。その背景には、明治から昭和初期にはシカが全国で乱獲され、個体数が減り、分布域も縮小して危機的な状態に陥ったことがある。

その一方で、昭和30年代に高度経済成長に入ると、パルプ用材にそれまで使えなかった広葉樹を利用することが可能になり、大規模な広葉樹の伐採が始まった。政府は木材輸入の自由化を進めると同時に、国内の広葉樹の伐採跡地には、森林の速やかな回復と、建築用材などへの需要を見込んで、成長の早い針葉樹の植栽を進めた。広葉樹林の伐採跡地に針葉樹を植栽することを「拡大造林」と呼び、森林の所有者などによって、公共事業として実施された。人間による大規模な自然への介入は、図らずも草食性のシカにとって好適な餌場環境を生み出した。その弊害に気付かないまま捕獲頭数の制限が長年続いたことによって、シカの爆発的な増加を招いた恐れがある。

「シカは2歳を過ぎると、ほとんどの雌が毎年1頭の仔を産みます。最長で20年くらい生きる、とても繁殖力が高い動物です」（大橋さん）

環境省は、温暖化による積雪量の減少も要因の一つであるとみる。大橋さんも言う。

「シカは雪に弱い動物です。まず下草を食べるので、雪が積もってしまうと食べるものが一気に減ってしまい、餓死してしまう場合もあります。だから雪の多い地域のシカは、雪の少ない場所へと移動します。富士山の山麓だと山梨側から静岡側に大きく移動しているシカが、GPS発信器による追跡調査で確認されています。県内では季節によって標高の高い山から低いほうへ移動するタイプ、もう一つは低い場所に居続けるタイプがいるようです」。

積雪が多ければ食べ物が減り、越冬できずに餓死するという自然淘汰がある。

昔、丹沢山系のユーシン渓谷から鍋割山へ向かうひと気のない登山道で、夥しい数の白骨に出くわして肝を冷やした経験がある。「それはシカの骨だ。雪でやられたんだろう」。

当時、鍋割山荘の小屋番がそう話してくれたことをよく覚えている。しかし、積雪量が減少したことでシカは、はるかに越冬しやすくなった。現場の年配の猟師に尋ねても「昔に比べれば雪は減った」と返ってくる。

一冬で最も雪が積もった量（年最深積雪）について、昭和37年（1962）から平成25年（2013）までの約50年間の観測結果をまとめた気象庁の興味深いデータがある。それによると、年ごとの変動はあるものの、西日本の日本海側（熊本県から滋賀県）、東日本の日本海側（福井県から新潟県）では「長期的な減少傾向が明瞭に現れている」とある。

明治時代の乱獲で「絶滅」したと思われていた白神山地でも、シカは10年ほど前に目撃され、以降、増え続けているという。気候変動（温暖化）とも関係があるのだろうか。

山から消えたのは人間？

環境省はシカの増加や生息範囲の拡大の原因の一つに「中山間地域の過疎化などによる耕作放棄地の拡大」を挙げている。中山間地域とは山間地やその周辺を指す言葉で、日本全土の約7割を占める。静岡県も6割以上が「中山間地域」だ。「耕作放棄地」とは、以前は農地であったが、1年以上作物を栽培せず、その後数年間、持ち主が耕作する予定のないまま放棄された土地を指す。
「放棄された農地には雑草や低木が生える。最初はそれを狙ってシカがやって来る。やがてシカは周辺の田畑、果樹園などのおいしい農作物にも手を出す。中山間地域では、シカは昼間、周辺のスギ・ヒノキの暗い人工林に潜み、ひと気のない夕暮れや明け方に里に下りてきて餌をあさるという行動パターンになります」（大橋さん）

こうした耕作放棄地は全国的にも増えている。つまり、田畑は減り、人の手が入らない農地が増え続けているということだ。静岡県の耕作放棄地は平成22年（2010）の調べで1万2494ha、平成7年（1995）に比べて20％以上増えており、耕作放棄率は全国平均の2倍、8番目に多い。また、耕作放棄地の所有者の半数以上は専業農家ではない。

現場の猟師には「森林の荒廃」を指摘する声も多い。伊豆市小下田の鈴木忠治さん（昭和15：1940年生まれ）もその一人だ。狩猟歴40年以上の鈴木さんは、静岡県猟友会副会長であり、鳥獣保護管理員でも

スギ・ヒノキの人工林の荒廃は森林の多様性を失わせる一因となっている

ある（取材当時）。

「戦後の拡大造林で、雑木林を伐採し、山のてっぺんまでスギ・ヒノキを植えた。広葉樹を伐採してにわか仕立てに作った山は日当たりがいいから下草がいっぱい生えてシカの餌が増えたかもしれない。だけど、その後が悪い。今度は林業不振になって、枝打ちはおろか間伐もされないまま放ったらかしの人工林が増えた。そういう山は昼間でも暗い。シカの餌になりそうな下草は生えておらず、表土がむき出しだ。下草のない山に大雨なんか降ると表土が流れ出し、根の張っていない若い木は倒れて流され、沢を堰き止めてしまう。それが決壊すると鉄砲水や土砂災害を引き起こす。前に、西伊豆で大きな土砂災害があったけど、山の荒廃の典型的な例だと思いますよ。

山の植物に多様性がなくなってしまったことで、動物たちの餌が少なくなり、隠れ家も餌場もある人里近くまで下りて来た。昔から人は山を利用し、共存してきたんです。かつては間伐などで山の手入れをする山道（杣道《そまみち》）があって、猟師も利用させてもらっていたが、そういう道はすっかり荒れてしまって分からなくなり、獲物を下ろすのにも苦労するようになった。今では逆に獣道を利用させてもらっている状態ですよ。それだけ人が山に入らなくなったということの証しでしょう。みんな獣のせいにするけど、今の環境を作ってしまったのは人間の側に責任がある、そう思いますよ」

ふと、御殿場のとあるワサビ農家の「ワサビに足音を聞かせろ」という言葉を思い出した。作業のないときでも山のワサビ田に足を運び、様子を見ろということである。

「かつては、山でも畑でも人間の側がもっと入り込んで、様子を摑んでいた。そして害獣が多すぎれば、地域の狩猟者が獲ってコントロールしていた。昔は山村のコミュニティがちゃんとしていて、日常的に追い払いを行うなど、野生動物と適度な緊張状態、距離を保っていたと思いますよ」（大橋さん）

〝森の力〟が衰えている

日本は森の国だ。国土の7割ほどが森林である。静岡県の森林率は64％。伊豆半島にいたっては75％が森林である。しかも、その72％が個人などが持つ民有林だ。さらにそのうち59％がスギ・ヒノキなどの人工林で、全国の人工林比率46％を大きく上回る。それだけに静岡の身近な人工林の荒廃が気になる。

スギ・ヒノキの人工林の育て方は、基本的に野菜作りと同じだ。ただ野菜は短期間で収穫できるが、スギ・ヒノキは伐採までに40〜50年かかる。そのサイクルはざっとこうだ。

地拵《じごしら》えと呼ばれる整地作業をした山の斜面の100m四方に3000本くらいの苗を植

える。日当たりのいい植林地には苗木以外の草木も生い茂り、スギ・ヒノキの成長の妨げになるため、5~10年の間は下刈りを行う。10~15年経つと枝が付いてくるので、今度は枝打ち（下枝や枯れ枝を切ること）をする。枝打ちは日当たりをよくするためと、節の少ない良材を育てるための作業だ。さらに20~30年経って林が混み合ってくると、次は間伐という間引き作業を行う。植えた木の本数を減らす代わりに、残された木が大きく育つように手を入れるのだ。

こうして人が手をかけることで、林内に光が差し込み、下草や灌木が茂る。枯れ枝や落ち葉はミミズやヤスデといった土中生物が食べて細かくし、さらに排出された有機物を微生物が分解し、やがて腐葉土という豊かな土壌となる。健全に育った気持ちの良い森を歩くと地面がスポンジのようにふかふかしており、地中にはたっぷりと水を含んでいる。水を蓄えた山裾には水が湧き出したりもする。人工林だって、しっかりと人の手が入っていれば、天然林にも負けない保水性を持ち、表土の流出も防げるのだ。

静岡県は平成14年~15年度（2002~2003）にかけて、私有の人工林の調査を行っている。その結果、5万3000haの調査対象のうち「健全な森林（下草のある森林）」は44%。一方で「荒廃の恐れがある森林（下草が一部しかない森林）」は33%、そして「荒廃した森林（下草が消滅した森林）」が23%だ。

かつて林業は金になる産業だった。戦後の復興とともに建築用材やパルプ材の需要が拡大。昭和30年代の卸売物価指数の推移をみると、一般物価指数がほぼ横ばいなのに対し、木材は2倍を超える上昇となっている（東京卸売物価指数：日本銀行調べ）。パルプ材消費量も昭和30年（1955）から昭和40年（1965）にかけて2倍以上の価格になった（紙・パルプ統計年報：通商産業省）。そして先にも書いた「拡大造林」が行われるようになる。

その一方、昭和35年（1960）の「貿易・為替自由化計画大綱」などによって、木材の輸入は段階的に自由化された。昭和40年代（1965年〜）に入ってからも、経済成長に比例して木材需要は拡大を続けたが、自由化によって安い外材にそのシェアを奪われ、国産材の出番はむしろ減り始める。山村の過疎化や高齢化による人手不足も林業不振に拍車をかけた。戦後の人工造林面積の推移をみると、昭和30年〜35年の40万haをピークに減り始め、平成22年（2010）にはわずか2万haとなってしまった（林業統計要覧：林野庁）。

木材供給のための森林は影を潜めている。内閣府が不定期に行っている『森林と生活に関する世論調査』によると、国民が森林に期待する役割として「山崩れや洪水などの災害を防止する働き」がトップで、次いで「二酸化炭素を吸収することにより、地球温暖化防止に貢献する働き」、「水資源を蓄える働き」となっている。「住宅用建材や家具、紙などの原材料となる木材を供給する働き」は5番目だ（令和元年：２０１９）。

繰り返すようだが、いったん人が手をつけた森を放ってしまうと荒廃する。森の力はなくなってしまうのだ。静岡県は平成18〜27年度（２００６〜２０１５）に『森の力再生事業』を行っている。先の森林調査をもとに「荒廃した森」１万２３００ｈａを対象にした。具体的な事業は、人工林の再生整備として間伐や流出の危険のある倒木の片付けなどだ。ほかに荒れた竹林や常緑広葉樹林の整備にも取り組んだ。整備後3年が経った段階で調査した結果、下草などが育ち、99%が「順調に回復」と県は評価している。事業は今後も継続されるようだが、そこに県民が負担する「森づくり県民税」が使われていることも忘れてはならない。

(上)「森の力」を回復するための地道な事業も行われている　(下) 木を伐ることによってよみがえる森もある

日本全体で見れば、森林の5割が広葉樹の天然林で、４割がスギ・ヒノキなどの針葉樹の人工林だ。人工林の多くは、先に述べた戦後復興期から高度経済成長期にかけての拡大造林によって植林されたものだ。ほぼ半分に近い森林が枝打ちも間伐もされないまま、放置されている。その暗い森の木々は、細くひ弱で、地面には下草も生えておらず、土壌は剥き出しとなり、生き物の気配もしない。この死んだような森は、これからどうなっていくのだろう。

この国は量的に緑にあふれている。が、その「質」について、私たちはどれくらい分かっているのだろうか。

狩猟は残酷か？

狩猟の話をすると、ときどき「残酷」とか「かわいそう」といった言葉を耳にする。だが、ベジタリアンは別として、多くの人が普通に豚や牛を食べている。〝殺生〟の現場を目にしないだけだ。

「伊豆の別荘地で毛並みのいい犬を飼っている人がいて、すごく狩猟を毛嫌いしていた。ところが、その飼い犬がイノシシに殺されたとたんに『獲ってくれ』と態度が変わった」。そう苦笑するのは狩猟歴46年の石井康弘さんだ。

日本の狩猟といえば教科書に載っている縄文時代にまで遡《さかのぼ》る。クリやクルミなどのほかに魚介類、シカやイノシシといった野獣を獲って食べていた。稲作が広まった弥生時代にも、稲作だけでは賄えずシカやイノシシの狩猟を続けていたことが土器に描かれた絵からも分かっている。

6世紀に大陸から仏教が伝わって以降、動物の殺生や肉食がたびたび禁じられるようになる。『日本書紀』によると675年には天武天皇が仏教の立場から狩猟を制限し、肉食の禁止令を出している。「4月～9月まで牛、馬、犬、猿、鶏を食することを禁止」したもので、実際は農耕に必要な牛、馬などの家畜を食べないようにする主旨だったとの説が有力だ。その後、平安時代の法令「延喜式」には、地方に対してシカ皮やイノシシの脂を納めるように求めている。武士が台頭した鎌倉時代には獣肉に対する禁忌は薄らぎ、軍事訓練を兼ねた巻狩りなどが行われている。

時代はぐっと下って江戸時代。とくに上流階級では獣肉食はタブー視されていた。そのピークが元禄時代の5代将軍徳川綱吉が制定した「生類憐れみの令」といわれる。憐れむべき対象は犬、猫、鳥、魚、貝類、昆虫にまで及び、後に〝天下の悪法〟とまでいわれた。

江戸後期、天保時代(1830～1844年)ともなると肉食のタブーは薄れ、庶民の間ではむしろ大っぴらに獣肉が食べられていたようだ。文人で儒学者でもあった寺門静軒の風俗書『江戸繁昌記』には「江戸市中に〝ももんじ屋〟という獣肉店が流行《はや》り、牛馬だけでなくイノシシ、シカ、キツネ、ウサギ、クマ、カモシカ、オオカミ、カワウソといった獣肉が供されている。その店の数は数え切れないくらいである」との内容が見える。獣肉店には「山くじら」という看板があり、イノシシは「ぼたん」で、シカを「もみじ」と呼び、肉食は「薬食い」ともいわれた。

江戸時代の経済の中心は年貢米であり「石高」は大名の格を表した。平和になると人口も増える。江戸初期に1700万人ほどだった人口は中期~後期には3000万人までに増えたと推定されている。それに歩調を合わせるように、食糧増産のために田畑を開墾する新田開発が盛んになった。耕作地の拡大は田畑を荒らすイノシシやシカなどの野生動物と農民との摩擦を招く。東北地方では「イノシシケガジ(猪飢渇)」というイノシシの被害で餓死者を出したという記録がある。

農民は野獣を防ぐために「シシ垣」という土塁や石垣を築いたり、猟師の助けを借りて巻狩りを行ったり、シシ垣にワナを仕掛けて捕獲したりした。シシ垣の痕跡は静岡県内にも20ヵ所近く発見されている。民俗学者の宮本常一(1907~1981年)は『山に生きる人びと』の中で、箱根山周辺の山中には、溝を掘ってイノシシの侵入を防いだ「シシ堀」がいたるところに見られると書いた。また、中には竹槍を仕込んだ深い落とし穴もあったと記されている。

江戸の絵師で蘭学者でもあった司馬江漢(1747~1818年)は『江漢西遊日記』

で、遠州の秋葉神社に詣でた後、現在の龍山町戸倉（浜松市天竜区）で出会った老婆の話を記している。老婆いわく「昼は猿の番をし、夜は猪を追います。御覧の通り、畑の廻りに囲いをします。猿はその囲いを跳び越して麦やヒエを荒らします」。宿泊した庄屋の家では、夜更けにイノシシを追う声を聞いている。江戸生まれの江漢にとって「奇妙で珍しい」出来事だったようだ。いずれも獣害が、今に始まったことではないことを示している。

日本におけるハンターとは？

明治6年（1873）に「鳥獣猟規則」が公布された。職猟と遊猟に区分し、銃猟に免許鑑札制度が導入され、有害鳥獣に関しては地方官に任された。だが、すべての鳥獣を捕獲対象としていたこともあり、問題も残した。トキやタンチョウも例外ではない。江戸時代「薬食い」の対象でもあったトキは明治に入ると乱獲や生息場所の減少で絶滅寸前に陥っていた。大正7年（1918）に改正された「狩猟法」は、捕獲対象を厳しく規制するなど、現在の狩猟法制の基礎を築いた。

昭和に入ると、野生鳥獣も〝資源〟としての色合いが濃くなっていく。軍部は軍服用毛皮などの需要を満たすために調達システムを組織化する必要があった。それに一役買ったのが昭和4年（1929）に誕生した狩猟者の組織「大日本聯合猟友会」（現・大日本猟友会）である。翌昭和5年の猟友会の出した設立趣意書には「その猟獲物は国民経済ならびに保健上極めて重大なる地位を占める」とする一方で「野生鳥獣の現状を見るとだんだん減る傾向にあり、将来を思うと憂慮に堪えがたい」と懸念している。また密猟が横行していたこともあり「狩猟道徳の向上」の重要性も訴えている。

戦後のGHQ（連合国軍総司令部）占領下、有害鳥獣駆除ならびに食肉、毛皮の獲得を目的に狩猟の存続が認められた。そして1960～70年代の高度経済成長期になると空前の狩猟ブームが起き、昭和53年（1978）には狩猟者登録数は50万人を超えた。「南伊豆にも東京から大勢ハンターがやってきて、地元の猟師はガイドで稼いでいた。3、40年くらい前かな、〝一山20万円〟といった感じでガイド料を取っていたね」（前出の石井さん）。趣味としての狩猟がステータスとなっていた時代だ。

その一方で、昭和38年（1963）に従来の狩猟法が「鳥獣保護法」へと大きく変わった。背景には、野生鳥獣の減少傾向が止まらないことや、狩猟人口の増加による事故の多発が挙げられる。それに伴い、その所管も昭和46年（1971）に林野庁から環境庁（現環境省）へと移る。銃規制は厳しくなり、動物愛護、自然保護といった時代の空気もあって狩猟者は減少へと転じ始めた。平成25年（2013）には18万人ほどまで減った（環境省調べ）。一方で、この間、反比例して鳥獣被害は増え続けている。環境省は、シカやイノシシが増えた原因の一つとして狩猟者の減少や高齢化を挙げている。

平成20年（２００８）になると、保護の観点から一転し、「鳥獣被害防止措置法」ができた。野生動物を「管理」するという法律である。乱暴な言い方をすれば、シカやイノシシといった山や田畑を荒らす害獣は数量を想定しながら駆除していくということだ。静岡県では狩猟期間が11月15日～2月15日から3月15日まで延びている。「駆除」という名目でシカ１頭に付き１万円以上の報奨金も出る。

今、山をめぐって起きていること―。目を向ければ、森林の荒廃、中山間地の過疎化、野生動物の保護政策、狩猟者の減少や高齢化などが見えてくる。そこでは、高度経済成長の名の下、農林業を置き去りしてきた政策のツケが横たわる国のあり方そのものが問われているように思える。

第二章　静岡の猟師に会いに行く

静岡県は海あり山ありと自然に恵まれた県である。だが、一歩、山に踏み込むと、一章で触れたような森林の荒廃、野生鳥獣による被害といった現実を目の当たりにする。そうした現実と向き合う猟師たちを訪ね歩いた。

南アルプスの玄関口、井川

静岡県の地図は〝金魚〟に例えられることがある。口が浜名湖で尻びれが伊豆半島、そして背びれの尖がったところが大井川最上流部、井川である。静岡最北の県境の地だ。市町村合併で静岡市葵区になったが、ＪＲ静岡駅前と南アルプスの山懐に抱かれた井川が同じ区であることにはいささか違和感を持つ。井川地区の年間平均気温は約11度。厳冬期の平均最低気温はマイナス３度ほど。静岡の「豪雪地帯」でもある。

２月中旬。安倍川沿いの県道29号線（安倍街道）を北に走り井川へ向かう。小一時間ほどで車窓は農村の風景へと変わり、さらに安倍川の支流である西河内川沿いに県道１８９号線を走っていく。横沢を過ぎる辺りから人家がまばらになり、道幅もぐっと狭く、

（上）富士見峠から見る井川地区。山また山。南アルプスの玄関口と呼ぶにふさわしいエリアだ
（下）井川ダム湖の周辺は自然の宝庫

曲がりくねった急な山道が続く。目の前をサルの親子が横切って山に消えた。

残雪の道をそろそろと走り、富士見峠（標高1184m）の休憩所に着く。展望台に登ってみると眼下に井川湖と集落が見える。視線を上げると真っ白に雪をかぶった南アルプスの山並みだが、思ったよりその嶺々は遠い。富士見峠を下ればやがて井川ダムだ。静岡駅からせいぜい50数kmだが車で2時間近くかかった。しかも、井川ダムはほんの入り口で、南アルプスの登山口でもある椹島《さわらじま》までは車でさらに約2時間の道のりだ。

井川は人口400人ほど、小・中学校の児童生徒は10人余りだ。ご多分にもれず高齢化、過疎化が進む。時代に取り残されたような辺境の山里である。歴史は古く、どこか懐かしい山の暮らしや文化の風情を深く濃く留めている。

昭和29年（1954）、田代地区の割田原《わんだはら》というところで縄文時代の遺跡が見つかった。発掘調査によって、竪穴式住居7戸や多くの土器、石器が出土し、いまから4000～5000年前（縄文中期）には人々が暮らしていたことが分かっている。地元の歴史ガイド氏に、出土した遺物の現物を見せてもらった。土器の欠片、石斧に黒曜石の矢じりもあった。ガイド氏が「狩猟採集民にとって暮らしやすい土地だったのでしょうね」と説明してくれたとき、「縄文海進」という言葉を思い出した。温暖化によって今より平均気温が1、2度高く、海面がピーク時で5m高かったといわれている。

井川の歴史は古く、文化の香りも濃い。中野観音堂の千手観音立像は平安時代中期の作といわれる

井川の中心地である本村から少し山に入ったところに中野観音堂がある。以前、別の取材で堂内に安置されている千手観音立像を見せてもらったことがある。学術調査によれば700〜1000年前、平安時代中期の作であるという。だが、その由来はまだ解き明かされていない。地元では先祖が山を越え、背負って運んできたと言い伝えられている。

井川ダムから、井川湖沿いに10㎞余り上流に田代という井川最奥の集落がある。山裾がわずかに開けており60戸ほどの家がある。が、今では空き家が増えているとも聞く。

この集落に暮らす多くの人が「瀧浪」というちょっと珍しい姓だ。実は田代には「先祖が信州の遠山から来た」という言い伝えが残る。遠山郷は行政上は現在飯田市南信濃で「信州の奥座敷」「日本のチロル」とも呼ばれる長野県最南端の山里だ。狩猟文化や古い伝統芸能が色濃く残る。苗字辞典などで調べてみると遠山郷にも確かに「瀧浪」の姓がある。

また「井川から来た」「井川に行った」という言い伝えは遠山にもあるという。

田代の民宿「ふるさと」にザックを預け、周辺を散策した。南アルプス井川オートキャンプ場は冬期休業中で、集落に人影はない。冬枯れた風景だ。

地図を頼りに残雪の道を辿ると山裾に鳥居があった。諏訪神社とある。脇に山水が湧き出しており「諏訪の霊水」と解説板にあった。「御井戸」と呼ばれ渇水期でも涸れたことがないそうだ。諏訪神社の神事でも使われる神聖な水らしい。柄杓《ひしゃく》ですくって飲んでみると柔らかく雑味がない。鳥居をくぐった参道の先は暗い杉木立の山道になった。地図によれば、どうやら大無間山（2329m）への登山道らしい。大無間山は三住ヶ岳とも呼ばれ、田代諏訪神社の神域だという。

少し息が上がってきた頃、右手に苔むしたスギの巨木が立ち並ぶのが見え、その奥にひっそりとした社殿が現れた。諏訪神社である。全国に約2万5000社ある長野県の諏訪大社の分社の一つだ。創建は鎌倉時代の嘉禎4年（1238）とされた。現在の社殿は総ヒノキ造りで明治36年（1903）に造営された。社殿は大無間山に向いて建っている。

神官家（瀧浪氏）に伝わる由緒書に、こうある。

〈当社は、昔、信濃国上諏訪明神の御分霊にして、大井川上流の「信濃俣」という深山を経て、信濃俣川を下り、大井川との合流点「沼平」の山の神の社にて一泊し、翌日、出発し、大井川に沿って下り、「下ノ嶋」という所にて休みたり、その跡に大石あり、この大石を「諏訪石」といって今尚存す。当日、夕方当社山の社に仮遷祭せり、この山の神の社は、何時頃の創立なるや明らかにならず〉

神様が一人で勝手にやって来るわけはない。人が神様を背負って来た。信濃国から南アルプスを越えて来た人たちが田代に諏訪明神を祀ったというところではないだろうか。由緒書の地名が気になって国土地理院の地形図を見ると「信濃俣」は標高2332mの尾根だ。「沼平」「下ノ嶋」という地名は見当たらない。畑薙のダムに沈んだのかもしれない。おそらく信濃の人たちは信濃俣から谷筋を下り「信濃俣河内」という川沿いを辿って田代に住み着いた。田代の諏訪神社の創建からみて鎌倉時代の半ばくらいには田代に人の営みがあったことがうかがえる。

地元で「お諏訪さん」と呼ばれ親しまれている田代諏訪神社では8月26、27日に例大祭がある。これに先立つ8月20日に「ヤマメ祭り」という神事が行われる。神聖な谷とされ、例祭以外は禁漁区になっている明神谷でヤマメ（アマゴ）を釣り、腹にアワ（粟）を詰めて塩漬けした神饌（神様に供える食べ物、飲み物）を作る。この神事は、村の安泰を願い、かつて山の民の主食であったアワと貴重な動物性タンパク源であったヤマメの豊漁を祈願する祭りとして受け継がれてきた。少なくとも19世紀初頭には例大祭の重要な神事であったことが記録されている。地元では「六夜さん」の呼び名のほうが馴染み深い。平成17年（2005）に「ヤマメ祭り」は県の指定無形民俗文化財になっている。

全国各地にある諏訪神社の総本社である信濃国一ノ宮諏訪大社は7年ごとに行われる「御柱祭」で知られる。日本最古の史書『古事記』には、出雲を舞台とした〝国譲り〟の争いに負けた建御名方神《たけみなかたのかみ》が諏訪に逃れ、国を築いたとされる。そうした神話から諏訪大社の主祭神は建御名方神になっている。創建の年代は不明だが、日本最古の神社の一つといわれる。

主祭神は建御名方神だが、もともとの祭神は土着の神々であるという説がある。例えば千鹿頭（チカト）神だ。諏訪地方に古くから伝わる民間伝承の神で、狩猟の神とされている。諏訪大社では4月15日に『御頭祭』が行われており、神饌として鹿の頭（現在は剥製）、鹿肉が供えられる。五穀豊穣を祈願し、その返礼として禽獣魚介を供えてきた古い歴史を持つ。また「鹿食免《かじきめん》」という御符や御箸も授けている。肉食を忌み嫌った江戸時代に諏訪大社が発行した免状のようなものだという。土着信仰の記憶を祭事に残す「お諏訪さん」は、山川草木に神が宿るという自然信仰を守っているように思える。

田代集落の外れに大井神社がある。祠といったほうがしっくりくる小さな神社だ。薄暗い杉木立を背にした拝殿の前には左右に狛犬が鎮座している。この狛犬、神社でよく見かける獅子でも狐でもなく、犬の姿だ。ヤマイヌ（ニホンオオカミ）である。この神社はヤマイヌを描いた御符を授けており、疫病や猪鹿除けとして使われていたようだ。井川には、田代のほかに小河内、上坂本、中野、上田などの大井神社にヤマイヌの石像や木像がある。井川はヤマイヌ信仰が残る山里だ。

（右）道路脇にひっそり佇む田代大井神社　（左）ヤマイヌの石像。焼畑農業時代の山の守り神ともいえる

ニホンオオカミは明治38年（1905）、奈良県吉野で捕獲されたのが最後の生息情報で、現在では絶滅したとされている。その原因については明らかになっていないが、狂犬病などの伝染病や人間による駆除、森林開発による野生動物（餌）の激減などの要因が組み合わさったと考えられている。

田代集落では、明治初頭までヤマイヌを防ぐための柵があったと伝えられる。夜に水汲みに外まで出なくて済む工夫や、用便を外でしなくて済むような家もあったという。ヤマイヌは人間にとって恐ろしい存在であった一方、焼畑農業を営む上で、作物を荒らすシカやイノシシなどを追い払ってくれる存在でもあった。

田代にはヤマイヌについて、こんな昔話が残る。

〈山の畑で仕事をしていると2、3日続けてヤマイヌが鳴いている。近づいてみると上顎に骨が突き刺さったヤマイヌがいた。その骨を抜いてやると、ヤマイヌは山に姿を消した。それまでイノシシなどの被害が激しかった畑に、その秋にはウサギ一匹入らなかった〉

ヤマイヌの恩返しのような話だが、厳しい自然と折り合いをつけながら暮らす山人の心情を物語っているようでもある。

大井川を挟んで田代の対岸に小河内という集落がある。山裾の斜面に家々が寄り添い、茶畑が点在する。

田代の人たちのルーツは信濃で、対岸の小河内の人たちの先祖は甲斐だと伝わる。集落の脇を流れる小河内川に沿うように林道が北東へ伸びている。地図を広げると林道は梅ヶ島の北にある山伏《やんぶし》（標高２０１４ｍ）付近を通り、山梨県早川町の雨畑まで通じる林道井川雨畑線だ。標高１０００ｍを超える、狭く曲がりくねった林道は所々で崩落し通行止めになることも多い。だが、道が山梨につながっていることは確かだ。

小河内には、甲斐武田氏の落人が山を越えて、この地に住み着いたとか、甲斐からやってきた金山衆が村を作ったという伝承が残る。集落内の大井神社には、天正12年（１５８４）に社殿が焼失したという記録があり、この頃には村としての形がすでに整っていたようだ。

戦国時代の享禄年間（１５２８～32）には今川氏によって井川の笹山金山が開発され、今川が滅びて武田氏の時代になると、梅ヶ島の日影沢金山とともに採掘はいっそう盛んになった。江戸時代には、最盛期を迎えて賑わい、山峡に遊女の嬌声や三味線の音が響く「三味屋敷」があったという。小河内川上流部には金沢、ネジキリといった金山があり、昭和10年（１９３５）には合計で月６貫目（22・５kg）の金が取れたという記録がある。

井川のとある古老が、水の入った小瓶のなかでキラキラ光る砂金を見せてくれたことがあった。昔、集めたものだという。「夕立が降った後など陽が差すと、その辺の水溜まりなんかにキラキラって砂金が光るんだ。そういうのを集めておくと、他所から買いに来る人がいて、ちょっとした小遣いになった」と、話してくれた。

南アルプス周辺の金山の名残を辿れば、山梨県下部《しもべ》の湯之奥金山、梅ヶ島の日影沢金山、そして井川の笹山金山となり、それは井川と山梨を結ぶ林道と部分的に重なる。かつてこの道は〝黄金の道〟だったのだろうか。いずれの金山もすでに廃坑になって久しいが、温泉が湧いている点では共通している。これは想像でしかないが、山中の川底にキラキラ光る砂金を採り、沢を辿ってあちこち坑道を掘り進むうちに温泉も出た、ということかもしれない。山梨の下部温泉、梅ヶ島温泉、そして井川には田代、赤石など、実にいい湯が湧いている。

小河内は古くから曲げ物づくりが盛んだった。曲げ物は、ヒノキやスギなどの薄板を丸く曲げ、合わせ目をサクラやカバノキの樹皮を細く割いた紐で綴じて作る容器である。井川に限らず、全国各地に曲げ物の技術はある。いずれも山の暮らしとの関わりが深い。

小河内には「イセソーホー」という人物にまつわる言い伝えがある。

〈イセソーホーという男がやってきて、曲げ物を作っていた。村人が柄杓の作り方を教えてほしいと頼んだ。イセソーホーは、ヒヨンドリという火伏せの行事を行うことを条件に、曲げ物の技術を教えた〉

「ヒヨンドリ」というのは「火踊り」が転じたものと考えられている、火伏せのための行事で、いまでも小河内集落の正月に行われている。元日の早朝、頭屋（現在は公民館）に集まった人たちが提灯片手に村内を回り、かつて共同の水場だった井戸で、新年の若水を汲む。頭屋と井戸の前では、独特の節回しのヒヨンドリの唄を音頭とりが納める。若水汲みには火伏せの意味がある。ヒヨンドリという行事は、天竜川、大井川流域を中心に、さまざまな形で伝承され、中でも浜松引佐のヒヨンドリは勇壮な火祭りとしてよく知られている。

小河内川上流の砂金採りにはいろいろな道具が使われていた。藁を荒く編んだ目に砂金を引っかけるネコザ、砂金を含んだ砂を掬《すく》い上げるカッサ、砂金を選別するユリボン。ほかにも柄杓や桶が必要で、井川に曲げ物の技術が発達したのは、金山と無縁ではないだろう。今、井川で曲げ物といえばメンパ、弁当箱が知られている。こうした道具を作るために培われた技術が引き継がれたものだ。もともとは木の素材そのままの器だったが、江戸時代末期に漆塗りの技術が加わって、現在の形になったようだ。今日、漆器といえばときどき〝美術品〟のような扱いをされることもあるが、井川メンパは、あくまでも、その土地の風土に根ざした〝工芸品〟だ。元来、井川では山仕事、畑仕事に持っていく日常的な暮らしの器である。曲げから漆塗りまで、昔から伝わる48の工程を一人の職人が一つひとつ丁寧に仕上げていくのもこのメンパの真骨頂である。

実際に使ってみると、アルマイトやプラスチックの弁当箱とはひと味もふた味も違う。木や漆が呼吸しているために、夏場はご飯が傷みにくく、冬場は冷めにくい優れものだ。

民宿ふるさとの土間に座っていると少し冷えてきた。「火のそばでお茶でもどうぞ」と、小柄なお婆さんが招いてくれた広間には薪ストーブが燃えていた。宿の人たちがみんな用事で出かけ、留守番をしているというお婆さんは、宿の女将のお姉さんで、昭和4年(1929)、田代の生まれ。大井川を挟んだ上坂本に嫁いだが、ご主人は他界し、子どもたちも井川を離れ、以来、一人で暮らしている。お茶をすすりながら、子ども時代の話を聞かせてくれた。

「百姓でね、焼畑で、ヒエとかアワ、キビ、イモなんか作っていました。ここ(田代)から歩いて2時間くらいの山に畑があった。お蚕さんもやっていて、桑畑や蚕小屋があった。寝泊まりできる小屋もありました」

もともと山峡の井川に広い耕地はなく、寒冷で米作には不向きな土地柄。しかし、広大な山がある。結果、焼畑という生きるための技が発達した。全国各地の山里に焼畑農業の歴史がある。世界的にみると焼畑には〝森林破壊〟というイメージがあるが、日本の伝統的な焼畑はそれとは大きく異なる。

焼畑は山野の草木を刈って枯らし、そこに火を入れる「ヤブ焼き」をやる。草木の灰や炭は作物を育てる肥料になる。土を熱することで発芽を促し、害虫や雑草を遠ざける効果もある。耕した土にアワ、ヒエ、ダイズ、アズキ、イモといった作物を育てる。ヤブ焼きから3〜4年の間に作物を育てた後の畑はヤブに戻され、地力が回復するまで20〜30年待って再び畑にする。いわゆる循環型の農業だ。

一つの畑に20〜30年という長い休眠期間が必要なこともあって、畑を広げるにはより山の奥へ入っていくしかない。井川では標高700〜1000m の山野を里山、1000〜1500m を裾山、1500m 以上を奥山と呼び、焼畑は主に里山から裾山にかけて行われていた。家から遠い奥山には「出作り小屋(居小屋)」を建て、そこに寝泊まりして畑を耕した。小屋といっても、かなりしっかりしたものだったようだ。しかし、昭和20年代くらいまでは盛んだった焼畑も、林業の発展やダム建設などに伴う暮らしぶりの変化によって戦後はほとんど行われなくなってしまった。

ただ、ここにきて、自然とうまく付き合う山の民の生業であった焼畑が再び見直されている。平成24年(2012)、小河内で、地元の古参や都会からの移住者、有識者などが中心になって約50年ぶりに焼畑を復活させた。それを皮切りに焼畑の伝統を継承しようという機運が高まっている。同時に、昔から、土地で守り伝えられてきた在来作物も見直さ

里芋の味噌田楽。中野観音堂の「お籠り」でも振舞われる井川の伝統食だ

れている。アワやヒエ、ソバ、サトイモ、ジャガイモ、ニンニク、ラッキョウ、キュウリなど、井川にはおよそ20種類以上の在来種が現存する。品種改良や遺伝子組み換えとは無縁な、先人が次代に残してくれた種子の遺産だ。「おらんど」と呼ばれるジャガイモなどは、小ぶりだが身がしまっていて、野性味のある懐かしい味だ。

「父親の代は焼畑をやっていて、忙しいときは〝出作り小屋〟で1、2カ月過ごし畑仕事をやっていましたね」

そう話す遠藤徹さん（昭和24年：1949生まれ）は、屈強な体格だが、物腰はいたって穏やか。井川猟友会の会長だ。南アルプスに何度も登っている山好きであり、戦後の山村の移り変わりを体感してきた世代の一人だ。子どもの頃の、出作り小屋での生活も覚えているという。

「父親は40歳くらいまで銃を持たなかったけれど、山の畑にウサギなんかが出てきて畑を荒らす。だから畑仕事の合間を見ては、狩猟もやっていた。獲物はウサギやヤマドリが多かった」

遠藤さんは昭和44年(1969)、20歳のときに狩猟免許を取ったが、勤めの傍ら狩りに出かける〝日曜猟師〟。当時、冬場に狩猟で稼ぐベテランもいて「小僧っ子扱いだった」と振り返る。30、40年前、井川には130人ほどの猟師がいたが、今はワナ猟師も含めて30人ほどだという。

「昭和35、36年頃だったと思います。井川の猟師にとって冬の山は大事な収入源で、当時、シカ肉が1kg500円、イタチが1枚500円、テンだと3000~5000円くらい、毛皮ブームもあったので、限られた獲物を追って何人もの猟師が山に入るのだから、縄張り争いもあったほどです。野生動物にとってはある意味で恐ろしい時代で、いまみたいに人里に出てきて悪さをするようなこともなかったと思いますよ」

ヒエやアワといった雑穀やイモ類が中心だった食生活においては野生動物の肉は貴重な動物性タンパク源。「猟師のおかみさんが背負いカゴにシカ肉なんかを入れて行商していました。子どもの頃、たまにそんな肉を買って食べていた」と遠藤さん。

井川の森にはクマ(ツキノワグマ)も棲んでいる。静岡県内では、伊豆半島を除く山域に生息している。生息地は主にブナやミズナラといった奥深い落葉広葉樹の森だ。大井川流域では標高1000~1500mで多く目撃されている。雑食性で、春はブナの若芽や山菜、夏はアリやハチなどの昆虫類、秋はブナやミズナラ、サワグルミなど脂肪分たっぷりの木の実を食べ、冬籠りに備える。保護の対象であり〝森の王者〟と、一目置かれる存在だ。

「昭和50年（1975）以前は、井川でも普通にクマ猟をやっていました。肉だけではなく、毛皮や胆嚢《たんのう》もお金になった。熊の胆《い》（生薬）は5万円くらいしたと思います。でも、当時は全国的な個体数の減少に歯止めがかからず、その頃からクマの狩猟規制が厳しくなった。今はまた個体数が増えてきたという調査結果が出ている地域もあり、状況は多少変化していますが…」

井川においてもシカの食害が問題になっている。遠藤さんは「昔、シカは高い奥山にいて里には下りてこなかった。今は集落近くまでやってきて茶葉なんかも食べている。さらに南アルプスの希少な高山植物も食害に遭っています」と話す。

人里に下りてくる一方で、より高山へと向かうシカ。どういうことなのだろうか。

「原因は一つじゃない。いろいろな要因が重なっていると思います」という。その一つに保護政策がある。子どもを産み子孫を増やす雌シカを獲ってはいけないという規制が長く続き、ある時期を境に爆発的に増えたらしい。井川では20年くらい前からシカが増えてきた印象が強いそうだ。

「山の荒廃も、もちろん大きい」と遠藤さん。

大井川流域は林業で潤い、賑わった時代がある。徳川時代は御用林として駿府城や江戸城、浅間神社などの建築材として天然のヒノキやケヤキ、ツガが何万本も切り出された。明治になるとパルプ会社が広大な山林を買い、槙島から、伐採した木材を180km下流の島田まで流す「川狩り」が盛んだった。槙島には何棟もの宿舎が建てられ、多くの樵夫《しょうふ》や川狩りに従事する「ヒヨ衆」で賑わった。「戦後間もない頃、槙島に働きに行ったことがあります。山仕事で働く衆が食べる野菜を作っていました」とは、先の民宿のお婆さんの話だ。

戦後は、紙の原料や住宅材として木がお金になった。前章に書いたように「拡大造林」は井川でも行われ、山の畑がスギやヒノキの人工林に変わっていった。「山の木を少し売れば、子どもを大学に行かせられた」（遠藤さん）という。

「井川の材木は良質で人気があった。同じ静岡でも、温暖な地域ならスギだと10〜15年くらいで一升瓶くらいの太さに育つけど、寒冷地の井川だと40、50年はかかる。育ちが遅いけど、その分、年輪が詰まり、良材として引き合いがあった」。が、それも今は昔と遠藤さん。

「今は、木を伐れば伐るほど赤字」というほどに林業は不振だという。背景には、昭和37

年（1962）年に丸太や製材品などの輸入が自由化したことに加え、円高によって外国材が安くなったこと、プラスチックなど木材の代替材が普及したことなどがある。結果的に、スギ・ヒノキの人工林には手入れもされずに放置されているところが少なくない。「枝打ちはおろか、間伐もされないままだと山は暗くなる。林床に光が届かないためシカの餌になる下草が生えない。増えたシカは、草を求めて人里に下りてきていると思います。人里には田畑や果樹園など、餌になるものがたくさんある」

南アルプスの高山植物の食害について聞くと「はっきりしたことは分からないけれど、温暖化で、雪が少なくなったことも関係しているかもしれませんね」と語る。

井川のスギ・ヒノキの植林地ではクマの食害もある。木が成長する春から初夏にかけて増える「クマハギ」だ。成長期の樹皮の下はゼリー状で甘い。クマは樹皮を剥いで、この甘い部分を舐める。「クマハギ」にあった樹木は成長を止め、木材としての価値がなくなってしまう。そのため林業被害対策として捕獲頭数を厳しく制限した上で、クマ猟が許可されるようになっている。猟期は「クマハギ」の被害が出る5月半ばくらいから。銃猟は禁止で、ハコやドラム缶などによるワナ猟だ。

民宿ふるさととの広間にほかの客はなく、食卓に一人座って目の前の山の幸を頂いた。ヤ

（上）民宿ふるさとは遠藤さんたち狩猟グループの作戦会議室になっている　（下）長靴と防寒対策なしでは始まらない

マメ（アマゴ）の包み焼き、シカ肉のタタキやシカのタンの塩焼き、山菜のユキノシタや地もの野菜の天ぷら、そして、小ぶりの土鍋の蓋を開けると野菜と一緒にクマ肉が入っていた。民宿の主人・瀧浪寿満さんは、父親とともに親子2代の猟師である。クマ肉は寿満さんが、ワナ猟で仕留めたものだ。その肉は旨味がたっぷりで、それが野菜までよく染みている。珍しい山の授かりものをありがたく堪能した。

朝8時、田代は晴れ渡っていた。民宿ふるさとに猟師が集まった。10人ほどの狩猟グループだが、所用があった人を除き、集まったのは4人。8時30分過ぎに出発し、大井川上流に向かう。畑薙幹線一号隧道を過ぎると風景は一変した。人家はなく、冬枯れの寒々しい風景だ。雲行きも怪しくなってきた。

一行はときどき車を止め、残雪に残ったシカの足跡を確認する。井川では山容が大きすぎて、獲物の場所を特定するような「見切り」ができない。そのため、他の地域以上に猟師の経験や勘が大事になる。昔は足跡がないこともザラだったので、勢子は山中を歩いて痕跡を探しながら山を移っていくような狩りをしていた。山と獣の行動を熟知している者でなければできない仕事だ。

　その日の猟場は畑薙ダム下流の山だった。下流域の集落周辺に多いスギ・ヒノキの植林地と違って、ナラ、シデ、モミジ、クリといった落葉樹が多く、パッチワークのように黒々とした針葉樹の林が点在する。ツガだろうか。さぞかし新緑や紅葉が美しい山だろう。そう思いつつ河原に降り立った。標高８００ｍほどの清らかな渓流だ。

　獲物を追い出す勢子の武田さんが猟犬をつれてジャブジャブと川を渡り山へ消えていった。「タツマ」と呼ばれる射手は、川下の河原まで一定の間隔で陣取っているはずだ。山に入って猟犬を放つ勢子と、犬に追われて山を駆け、河原に下ってくるシカをタツマが仕留める「巻狩り」という猟法だ。

　タツマの後ろで成り行きを見守る。1時間、2時間

横殴りの雪が吹き付け川面が波立つほどの、狩猟にとっては悪条件の日だった

と時が過ぎていくが、獲物を追う犬の鳴き声も、銃声もしない。代わりに山がゴーゴーと鳴り出した。山峡の空に雲が飛び、横殴りの風と雪が吹き付けてきた。川面が波立つほどの強風だ。

山を下ってきた武田さんが「こんな風では、獣の匂いも消えてしまって犬も追いにくくなる」と呟いた。11時30分頃、犬を放った山とは反対側の山を若い雌のシカが駆け上がっていくのが見えた。「あそこにいますよ」と、武田さんに声をかけたが、一瞥するだけであった。どうやら「タツマ」の網を抜けていったようだ。

結局、この日の獲物はなかった。

開湯1700年の歴史ある温泉地　梅ヶ島

安倍街道（県道29号線）の最奥に山のいで湯がある。急峻で襞の深い山に囲まれた梅ヶ島温泉郷だ。1700年前に樵《きこり》が見つけたという言い伝えがあるくらいに古い。梅ヶ島は、戦国時代には甲斐武田氏の金山として賑わい、徳川時代に最盛期を迎えた。今は日影沢金山跡にその面影を残すだけだが、岩の間からコンコンと湧き出す湯は当時と変わらない。いまでも「信玄の隠し湯」と呼ぶ人がいるほど甲州との関係は深い。安倍峠（標高約

梅ヶ島に集まった面々。地元以外の人も参加。次代を担う若い世代もいる

１４５０ｍ）を越えれば、そこは山梨県だ。梅ヶ島温泉から静岡駅まで46㎞ほどだが、山梨県の身延駅までは約30㎞。武田氏支配時代に、甲州からやって来たといわれる「秋山」「望月」「小泉」といった姓が残る。

２月上旬、午前8時30分。梅ヶ島温泉から安倍川沿いにしばらく下った入島という集落を訪ねた。道路沿いの空地に猟師たちが集まっていた。その数12人。地元のベテランが中心だが、静岡市街からやって来た若手も加わっている。「昔は地元だけで20人くらいいたけど今は７人。高齢化している」と話すのは、静岡市猟友会の会長でもある鈴木英次さん（昭和13年：１９３８生まれ）だ。４００ｈａの山林を経営する林業家だが、50年以上の狩猟歴を持つ。

鈴木さんや地元のベテランが中心となって、持ち場を決め、車で山へと散っていった。猟法は井川と同じ「巻狩り」だ。今回は「タツマ」をやるという鈴木さんに同行させてもらった。軽トラは安倍川の支流である三郷川沿いの林道を走り造里というところに着いた。かつては何軒か家があったようだが、今は誰も住んでいない。

林床のいたるところにたくさんのシカの糞が転がっていた

山に入るとスギ・ヒノキが目立つが、シイやカシといった常緑樹やナラなどの落葉樹も点在する割と明るい森だ。鈴木さんは、細く険しい杣道をぐいぐいと登っていく。80歳近く、それも膝の半月板を痛めたことがあるとは思えない健脚ぶりで、付いていくのがやっとだ。ときどき足を止めて、獣の痕跡を確認する。しばらく行くと山中に石垣が組まれた小さな平地があった。かつては茶畑だったようだ。茶の木は野生化して幹も太く人の背丈以上もある。おまけにシカの「皮剥ぎ」の跡があり、鈴木さんが指差す林床には豆粒状のシカの糞が転がっていた。

尾根筋を越えて下った斜面で鈴木さんは腰を下ろした。灌木の先に小さな沢が見える。山の上から勢子が放った猟犬に追われて下ってくるシカを、沢筋で待つのだ。午前10時、気温3度。座った地べたからの冷気が腰にくる。待つこと1時間以上。犬の鳴き声が聞こえ、次第に大きくなる。鈴木さんは脇に置いた銃を手にし、弾を込めた。だが、しばらく続いた犬の鳴き声は次第に遠ざかり、鈴木さんは弾を抜いた。どうやら空振り。今度は、三郷川下流に移動し、山裾の茶畑で待ったが、銃声が響くことはなかった。

小さな沢沿いのヤブに身を隠し、ただひたすら獲物を待つタツマの鈴木さん

それにしてもお互いの姿が見えない山の中で勢子とタツマはどうやって連絡を取り合うのだろうか。

「猟犬を連れた勢子が犬を放つときからが勝負どころで、昔、〝追い出し〞の合図は笛や薬莢のケースを笛代わりに吹いたり、時計で時間を決めていたりしたけど、その後、無線機で、連絡を取り合うようになった」と鈴木さん。

午前中の猟を諦めてかけていたときだ。突如、けたたましい犬の吼声が近づき、鈴木さんの銃が鳴った。後を追うと、河原に雌のシカが虚空を見上げ横たわっていた。獲物を前にまだ吼えたてる犬を引き離すように鈴木さんは止めを撃ち、しばらく無言で立ちすくしていた。ふと「善も悪もない」という言葉が頭をよぎった。

鈴木さんが言う。

「狩猟を残酷だと言う人がいる。でも活魚料理店で、水槽で泳いでいた魚を捌いて、まだ

撃ち倒したシカに執拗に向かっていく猟犬

ピクピクしているのを喜んで食べている。魚もシカもイノシシも命は同じなのに」。

仕留めたシカは、すぐさま血抜きされ、手馴れた地元猟師4、5人によって解体された。下腹部や脚からナイフを入れ、皮を剥ぐ。シカ肉は参加した猟師全員に等分に切り分けられる。内臓もきれいに処理され、モツ鍋になるという。

鈴木さんは「今は〝害獣駆除〟という名目で報奨金が出るようになってたくさん獲る。獲物が増えた分だけ、粗末にしているようにも思える」とも言った。

県境に位置する厳しい山峡、水窪

3月初旬、早朝、宿の庭先に止めた車のフロントガラスが凍っていた。7時30分、水窪の町を見下ろす高台の集合場所にいる。朝もやのかかる山の端に朝日が顔を出し、ひんやりと澄んだ空気が眠気を吹き飛ばす。

集合場所にやってきたのは水窪の狩猟グループ「ビッグハンター」の面々。メンバーは

猟場に着くと簡単な打ち合わせをし、勢子とタツマそれぞれの配置に散る

9人だが、この日の狩りに参加したのは5人と猟犬2匹だ。頭領は昭和10年（1935）生まれの守屋鎌一さん。一番の若手が大倉加寿利さんだが還暦を迎えている。参加者のほとんどが70、80代である。

全員が集まったところで作戦会議。狙う獲物はシカ。ここでも猟法は「巻狩り」だ。猟犬に追われたシカは山を下って川に出てくる習性がある。川で匂いなどの痕跡を消すためだともいわれる。

「今日はどこをやるか」

「2日前に大雨があったから、川が増水している。シカが逃げ込むといろいろ厄介だからな。なるべく水かさの少ない上流のほうがいい」

そういうやり取りがあって、この日の猟場は池島という翁川《おきながわ》最奥の集落の山と決まった。翁川に沿って国道152号線を8㎞ほど走って池島に着いた。見渡すと東の山裾に数軒の家が点在し、猫の額ほどの畑がある。人影はない。翁川の西は標高800〜900mほどの山が連なり、スギ・ヒノキの人工林と落葉樹がまだらに混ざった景色だ。

間伐された木が放置されたままの急斜面は登るのにも一苦労だ

午前8時50分。この日は勢子をやる石井康弘さん（昭和17年：1942生まれ）に同行させてもらうことにした。残り4人のタツマは翁川の下流にそれぞれ陣取っているはずだ。

石井さんは2匹の猟犬を引き連れ、川を渡って山に入る。河原の竹やぶを抜けるとスギ・ヒノキの植林地だ。間伐してあり割と手入れされているが、伐った木がそのまま放置され、障害になって登りにくい。斜度は優に30度以上ある。石井さんは、そんな斜面をスパイクの付いた地下足袋でさっさと登っていく。登山道なら急斜面にはジグザグの道があるものだが、こういう山には杣道すら見当たらない。ただただ直登である。藪山だった

勢子の石井さんは猟犬とともに川を渡り、向こう岸の山へと入っていった

ら、間違いなく迷ってしまうだろう。

登り始めて10分くらいたっただろうか。標高700mほどの尾根筋でやっと石井さんが足を止め、犬を放した。一息つき、スマートフォンの登山用GPSアプリで位置を確認していたときのことだ。突然、大きな犬の声がしたかと思うと、黒々とした獣がサッと横切り、その後を犬が追っていった。一瞬のことで、面食らったが「カモシカだ。ときたまクマと間違える人もいるよ」と石井さん。

猟師たちの会話によく「飛ぶ」という言葉が出てくる。「そっちに飛んでったぞ」などと叫んだりする。犬に追われた獣が疾走する様子を指す。なるほど「飛ぶ」とはよくいったものである。まさに飛んでいるが如く、一瞬の出来事であった。ちなみにカモシカは国の天然記念物であり、有害駆除以外は狩猟禁止だ。目の前に現れても猟師は撃たない。

午前10時。タツマの一人がシカを仕留めたという連絡が入った。1㎞ほど下流の河原に駆けつけると、雌シカが横たわっていた。仕留めたのは高橋喜久雄さん。20歳で狩猟免許

雌ジカを仕留めたタツマの高橋さん。代々猟師の家系というベテランだ

を取り、狩猟歴60年のベテランだ。自らを「代々続く〝狩猟民族〟」と称する。この日、高橋さんは2頭の雌シカを獲った。

タツマの極意みたいなものはあるのだろうか。高橋さんに尋ねた。

「タツマは、とにかくひたすらじっと待つこと。昔、厳冬期の寒い日なんか、河原に石を積んで風除けにしたり、小さな焚き火で暖を取ったりしながら待ったものだ。いまのタツマは便利な道具に頼りすぎるのか、動きすぎじゃないかな。昔は仲間同士で合図を送るときは空の薬莢を呼子（笛）にして使った」

高橋さんは、狩猟の醍醐味をこう語る。

「犬の鳴き声が遠くからだんだん近づく。経験上、獲物は犬の200～300mくらい前を走ってくる。散弾銃の場合、姿が見えたら、なるべく近くまで引き寄せて撃つ。ほんの4、5分のことだけど、目の前に現れるまでの緊張感がたまらない」

猟師たちに聞くと、狙うのは首から上だという。苦しませないようになるべく一発で仕留めるのが理想だ。胴や腰に当ててしまうと肉が焼けてしまい価値が下がってしまう。撃ち損じて手負いにしてしまうことを「半矢《はんや》」という。猟師は半矢を嫌う。その理由について大倉さんが教えてくれた。

「獲物を山に残したくないのが一番。それに里山なんかで手負いになって興奮した獣が民家に飛び込んで暴れてしまう恐れもある。追う側の犬も興奮しているから人に噛み付く事故もあったりする。半矢の獲物は最後まで追い詰めて止めを刺す」

高橋さんによると、「獲物を撃ち損じたり、うまく仕留められないのは相手の動きに気をとられて銃の照準をちゃんと見ていないから」だそうだ。

最後に一番若い大倉さんが立派な角を持った雄シカを獲った。「随分と立派な雄ジカですねえ」と声をかけると、それまで無愛想だった大倉さんの口元が緩んだ。この日の獲物は雌シカ2頭、雄シカ1頭であった。

午後2時前。河原に横たわっていた獲物はロープで道路まで引き上げられ、軽トラックに積まれた。しばらく下った河原に着くと、3頭のシカの解体が始まった。参加した5人のメンバーがナイフを手に、黙々と手際よく捌いていく。

「獲物を解体するときヤブカケという儀礼があると聞いたことがあるんですが」と尋ねて

（上）河原からロープで重い獲物を引き上げる。“命の重さ”だ　（下）この日、立派な角を持った雄と2頭の雌が獲れた

みた。

「内臓を包んでいる脂肪の網（アミアブラ）を藪の枝にかけて獲物を授けてくれた山の神に感謝するという儀式でしょ。知ってるけど、今はやらないね」と、大倉さん。それから「これがアミアブラだ」と手に取って、近くの枝にかけた。

　3頭のシカは5人がかりで30～40分ほどできれいに捌かれ、肉はブルーシートの上できっちり5等分された。いわゆる〝マタギ勘定〟である。雄ジカの立派な角は仕留めた大倉さんの軽トラックに積まれた。


　守屋鎌一さん宅にお邪魔した。近所に暮らす大倉さんにも加わってもらい、水窪の狩猟について話を伺った。

　通された居間の鴨居に古い写真や表彰状がかかっている。写真をよく見ると森林鉄道だ。

「これは?」と聞くと「営林署に勤めていてね。森林鉄道の運転手をやっていた頃の写真だ」

林業に勢いがあった戦後間もない頃、水窪には、水窪大橋付近を起点に山王峡、戸中川《とちゅうがわ》に沿って戸中山国有林まで約21㎞の森林鉄道があった。最盛期には10両編成の台車に木材を満載し1日2往復していたという。昭和42年（1967）に森林鉄道は廃止されたが、守屋さんはその後もトラックで木材を運ぶ仕事をしていた。引退してからは悠々自適の生活で、狩猟のほかにもアユやヤマメなどの渓流釣りに精を出す日々だという。

守屋さんが狩猟免許を取ったのは昭和41年（1966）。当時は猟師も多く、最盛期には銃猟だけでも170人ほどいた。今は20人ほど。

「始めたのが30歳くらいで、面白くてしょうがなかった。仕事の休みしか猟に出られないから夢中になった。今みたいにシカが里近くまで下りてくることもないし、それに猟師（ライバル）も多かったから、どうしても山の奥へ奥へと行くしかない。シャウゾ山、黒法師岳、前黒法師岳など1000～2000m級の山にも入った。朝の5時くらいに家を出て、狩猟のできる日没まで粘る。家に帰ったら夜中ということもあったな」

守屋さんの狩猟の話は自慢より苦労した話が多い。苦労したときの方が鮮明な記憶として残るのだろうか。

「猟期は厳冬期だから高い山は雪が深い。吹き溜まりなんか胸くらいまで雪にはまる。銃を横にして雪を漕いで進む。雪が凍っているときはガンリキ（アイゼン）も使った。朝、温かい握り飯を持っていくのだけど、さあ、食べようと包みを開くと握り飯がガチガチに凍っていて焚き火で温めて食べたものだ。素手で銃の台尻を触るとくっついて離れない。凍傷になりかけたこともある」

苦労話はまだ続く。いまでは死語ともいえる〝夜目〟の話まで飛び出した。もはやサバイバル譚である。

「真っ暗な山を帰ってくるときには夜目が頼りだった。当時も、ごついヘッドランプはあったが道標のある登山道ならまだしも、獣道しかないような山中では役に立たない。目の前は見えるけど山全体を見通せない。マッチやタバコの火さえ帰り道を狂わせてしまう。この辺りの山は深くて、傾斜もきつい。一つ尾根を間違うととんでもないことになってしまう。ガレと呼ばれる崩壊壁やシリキレボツ（断崖絶壁）もある。だから、気持ちを落ち着けて暗闇に目をならす。そうやって山を下ってきたものだ」

山登りをしていると、ササに覆われた見晴らしのいい平たい尾根に出たりする。水窪の山にも、そうした場所がいくつかあって、格好の猟場だという。大倉さんが語る。

「日当たりのいい山の尾根にヘイチク（ササ）の原っぱがあってシカの冬の餌場になっており、ウツ（獣道）や糞だらけです。50~60頭くらいの群れでいるときがある。そのまま近寄ったらシカに気付かれ、逃げてしまう。遠巻きにしながら忍び寄って狙う。ただ雪の多い年なんかは餌不足なのか、せっかく獲ったシカも痩せている」

大倉さんは41歳で狩猟免許を取った。代々、山仕事の道具であるトビやナタ、カマといった刃物の柄を作ってきた「志津屋商店」の店主。林業が盛んな先代の頃には2、3人の職人を抱えていたそうだ。いまはチェーンソーや農機具などの販売や修理が多いという。店を訪ねると、片隅のショーケースにシカ角の柄のナイフがあった。土佐刃物を仕入れ、大倉さんが柄をしつらえたものだ。

獲ったシカの行方についても聞いた。

「昔は、立派な角のシカだとマル（内臓付き）で、1頭15〜20万円した。シカの角は漢方薬になったり、日本刀の刀掛けになったりした。頭も剥製として5万円くらいだった。今は仲間と肉を分け合い、食べるだけだ。獲物は山からの授かりもの。おいしく食べてやることが一番の供養だからね」（守屋さん）

「何たってシカ刺を肴に一杯やるのが一番だ」と守屋さんが言えば、大倉さんは好物のシカ肉の竜田揚げを推す。スライスした肉をニンニク、ショウガを入れた醤油ダレに漬け、衣をまぶして油で揚げたものだ。毎年11月の「みさくぼ夢街道」というイベントで一般客に振る舞うのだが、あっという間になくなってしまうという。

大倉さんにイノシシ猟についても聞いてみた。

「まず、見切り（探索）をやる。イノシシが土を鋤《す》いた（掘り返した）跡を辿って寝屋（寝床）を確認する。それからタツマギリといって、寝屋を中心にタツマを配置する。シカの寝屋はあちこち移動するけど、冬場、イノシシの寝屋はだいたい同じ場所にある。寝屋には匂いが残っているから、やたらと吼えないベテランの猟犬を放す。未熟な犬だとすぐに吼えて、獲物を逃がしてしまうこともあるからね」

ビッグハンターの面々も、寄る年波には勝てない。山を熟知したベテランでもも、歩いて2、3時間かかる奥山の狩猟は、だんだんきつくなっているという。そういう中で次代を背負っているのが大倉さんのような人たちだ。大倉さんは銃猟だけでなく、ワナ猟もやっており、通常の猟期以外にも害獣駆除で数十頭のシカやイノシシを獲っている。

「むやみやたらと猟に出かけているわけではない。山を歩くことで獲物の動きが分かり、自然と獣の関係も見えてくる。結果的に、それが冬場の猟期に役立つんですよ」

その言葉の端々に、水窪の狩猟文化を守っていきたいという思いを感じた。

水窪町は、浜松の中心部から国道152号線を北へ70㎞ほど走った山間にある。明治から大正の時代には奥山村と呼ばれていた。昭和30年（1955）頃は1万人ほどあった

水窪町は長野県と県境を接する浜松市最奥の町であり、林業で栄えた地だ

人口も現在は約3000人ほどと過疎化が進む。

二俣の町を過ぎ、天竜川に沿って車を走らせると周りは山また山である。途中に集落はあるが、大半が森閑として寂しい道程だ。鬱蒼《うっそう》とした木立に囲まれた薄暗く、狭い道を走っていると、ふいに空が広くなり、行く手に町が現れる。そこが水窪だ。長野県と接する辺境の地であるが、不思議とどん詰まり感はない。

国道152号線は「秋葉街道」といった方が通りがよい。全国に400社ほどある秋葉神社の総本社「秋葉山本宮秋葉神社」が街道筋の天竜区春野町にある。火除けの神様として知られる秋葉神社に詣でる人たちが通った、かつての信仰の道だ。

秋葉街道は「塩の道」でもある。遠州灘の相良で作られた塩は水窪を中継点に、国境である青崩峠（標高1082m）を越えて、遠山（飯田市）、大鹿を経由し、塩尻へと運ばれた。秋葉街道は古くから遠州と信州を結ぶ動脈であり、水窪は人と物が行き交う〝国境の町〟だった。

水窪の町を見下ろす高台に高根城址（標高420m）がある。遠州と信州との国境を守るための山城で〝国盗り〟の舞台になった。発掘調査で出土した遺物から、築城は15世紀前半ということが分かっており、地元の国人領主・奥山氏が城主だった。

戦国時代、駿河・遠江を支配していた今川氏の傘下にあったが、徳川家康と武田信玄が力を強めると、その帰属を巡って内乱になり、永禄12年（1569）、姻戚関係にあった信州遠山郷の遠山氏に攻められ高根城は落城したと伝わる。

元亀3年（1572）、武田信玄は2万2000の兵を率いて甲府を出陣し、青崩峠や兵越峠（1168m）を越えて、徳川家康の支配下にあった遠江に侵攻。このとき高根城は武田方によって改修され、武田軍の駐屯基地となっていたようだ。だが、武田勝頼が天正3年（1575）の長篠の戦いで織田・徳川連合軍に敗れると、形勢は逆転。徳川軍によって武田軍は遠江から信濃へと追い返されてしまい、高根城は廃城となった。

毎年10月、静岡と長野の県境である兵越峠《ひょうこしとうげ》で「峠の国盗り綱引き合戦」が行われる。遠州軍と信州軍に分かれ綱引きによって〝領土〟を懸けるイベントだ。その大きな目的はお互いの親睦であり、地域おこしにも一役買っている。

水窪から飯田市南信濃和田（遠山郷）まで30㎞弱。飯田市の中心部まで70㎞余りだ。昔から南信濃との繋がりは深い。町外れの酒屋には「信州の酒」の看板があって、飯田市の酒蔵の日本酒だった。町の中心部にある「塩の道・国盗り」（土産物・食堂）には、地場産品に混じって長野県の土産物もあった。

峠を越えたのは秋葉詣での道者や塩を運ぶ馬子だけではない。民俗学者・野本寛一さんの『自然と共に生きる作法―水窪からの発信』（静岡新聞社）によると、遠山郷（現飯田市南信濃和田）から水窪に嫁入りしたり、尋常小学校の修学旅行で子どもたちが徒歩でやってきたりしたこともあったようだ。茶摘みの時期には茶摘み女もやってきたと記す。一方、水窪からも峠を越えて飯田の製糸工場へと働きに行った。モノの行き来も盛んで、遠州側からは塩や海産物、信州側からは米や酒が運ばれ、水窪は峠越えを目前にした宿場町として栄え、賑わった。

２㎞ほどある水窪の旧街道は〝昭和〟で時間が止まったような佇まいだ。車がやっとすれ違いできるくらいの狭くくねった道の両側には家々が軒を連ねる。ガラス格子に書か

かつては遠州と信州を結ぶ物流の中継地として賑わった宿場町でもある

れた「旅館」の金文字がどこか懐かしい。林業が盛んだった時代、水窪には10軒ほどの旅館があった。芸者置屋もあり、夜ともなると三味線の音が町に流れていたという。

水窪大橋のたもとにコンクリートの鳥居と小さな祠がある。鳥居には「山住神社」とあるが、こちらは里宮であり、本宮は山住山（標高１１０７ｍ）の山頂に鎮座する。

水窪川を渡り、支流である河内川沿いの県道３８９号線を走る。河内浦集落を過ぎるとくねった道が続き、一帯には落葉性広葉樹の森。春にはヤシオツツジ、秋には紅葉が、きっと美しいはずだ。水窪の中心部から30分ほどで山住神社に着いた。清涼な境内に入ると推定樹齢１３００年のスギの巨木が目を引く。山住神社は、和銅2年（７０９）に伊予の国（愛媛県）の大山祇《おおやまづみ》神社から勧請《かんじょう》されたと伝わる。

山住神社の祭神は日本神話に出てくるオオヤマツミとされているが、山の神と言っていいかもしれない。猟師や木樵、炭焼きといった山民《さんみん》にとっては守護神であり、農民の間では、山の神は春になると山から下りてきて田の神になり、秋になると山に帰ると言い伝えられてきた。山の神は女神であり、しかも醜女《しこめ》だという伝承もある。東北のマタギに、山の神のご機嫌をとるために醜いオコゼの干物を腰にぶら下げて山に入る習慣があったという話を聞いたことがある。山を歩くと、名もない小さな鳥居や祠によく出合う。おそらく山の神を祀ったものだろう。山（自然）を畏れ敬う日本人の心の原風景なのかもしれない。

山住神社はヤマイヌ（オオカミ）信仰の神社でもある。神門の狛犬はヤマイヌであり、神札にも〝お犬様〟として描かれている。山住神社には、こんな伝説が残る。元亀３年（１５７２）、武田信玄の遠江侵攻のとき、武田勢に追われた徳川家康が山住に逃げ込むと、山犬たちが一斉に「ウォー、ウォー」と吠えたて、怯えた武田勢を退散させたという。三方ヶ原の戦の後、山住神社には家康から二振りの刀が奉納されている。

明治時代に絶滅したといわれるニホンオオカミは、かつて森林生態系の頂点にいて、山間の田畑を荒らすシカやイノシシ、サルといった獣を追い払う益獣であり、農耕の守り神と考えられていた。山住神社のヤマイヌ信仰には、こんな話もある。佐久間ダム建設（昭和28年：１９５３着工）のとき、周辺の山のイノシシが奥三河の山へと移動し、農作物に大きな被害を与えた。このため、あちらこちらの集落に山住神社の祠を建て、お犬様を祀ったという。

青崩峠の近くに小さな祠があり「悉平太郎《しっぺい》の墓」とある。祠を覗くと犬とおぼしき石像が安置されていた。悉平太郎…どこかで聞き覚えのある名前を反芻していると、磐田市にある見附天神矢奈比賣《やなひめ》神社に残る「悉平太郎伝説」を思い出した。伝説はこうだ。

その昔、見付天神では、田畑が化け物に荒らされないように夏祭りの日に人身御供として娘を白木の柩に入れて捧げるという悲しい風習があった。ある年、見付に立ち寄った旅の僧が、その風習を訝《いぶか》しみ、真相を確かめようと夜の境内に潜んだ。すると、どこからともなく化け物が現れ「信濃の悉平太郎に知らせるな」と呟き、生贄《いけにえ》の娘を抱えて闇の中に姿を消した。旅の僧は、見付の人たちの苦難を救おうと、駒ヶ根の光前寺で飼われていた山犬の悉平太郎を探し当てた。それを借りてきて、夏祭りの夜、娘の代わりに柩に入れた。現れた化け物に立ち向かった悉平太郎は深手を負いながらも見事に化け物を退治した。化け物の正体は老猿であったという。

傷ついた悉平太郎は信濃国へと帰る途中に息絶えた。それが「悉平太郎の墓」というわけだ。もちろん、当の光前寺にも同様の言い伝えがある。ただし、名前は「早太郎」である。光前寺の伝承では、山犬（オオカミ）が寺の床下で仔犬を産んだ。和尚によって手厚く世話された山犬の一家はやがて一匹の仔犬を残して山に帰っていった。その残された一匹が「早太郎＝悉平太郎」であり、化け物退治の主人公だ。

ニホンオオカミは伝説の中でしか生きていない。が、森林生態系のバランスを保つために外来のオオカミを導入してはどうか、という説を唱える人もいるようだ。

猟師の間では昔から「一犬、二足、三鉄砲」という言葉が流布されている。猟犬を使う狩猟では何よりも犬が一番重要だという意味だ。

実際に、犬の持つ狩猟本能には驚かされる。そこにはペットとして人間に愛玩される犬の姿はない。人間の何万倍もの嗅覚を発揮し、本能のままにひた走りに獲物を追う姿は、これこそ犬本来の獣らしさではないかと思わせる。オオカミを先祖とするだけのことはある。柴犬、紀州犬といった日本犬も、もともとは狩猟犬だ。

石井康弘さんは20年ほど前から西浦地区に暮らす。ベテラン猟師として水窪と南伊豆を拠点に狩猟を続けてきた。実家は元々静岡市の下駄職人。昭和20年6月の静岡大空襲で焼け出され、戦後、父親が富士宮の朝霧高原の開拓地に入植した。その頃、「友だちがイノシシ猟や鳥撃ちをやっていて面白そうだった」と狩猟に興味を持ち、30歳のときに狩猟免許を取った。狩猟への情熱は70代半ばにしてなお揺るがない。

「理屈じゃない。犬と一緒に山を駆けるのが好きなんだ。それだけ」と石井さんは言う。

石井さんの自宅に犬はいない。犬舎は車で30分ほどの山中にある。8匹ほどの猟犬が飼

猟犬は猟師にとってかけがえのない相棒だ。石井さんに犬の訓練場を見せてもらった。犬本来の姿と訓練の大事さを教えてもらった気がする

われていて、石井さんは毎日、餌やりに山道を往復する。犬舎の近くにある柵で囲んだ犬の訓練場で、訓練風景を見せてもらった。飼っているイノシシを放すと、犬も一斉にに飛び出して、猛然とイノシシを追い詰め吠え立てる。狩猟体験が初めてのはずなのに、犬同士、徒党を組んでイノシシを追っていくのだから大したものだ。そこにはお手をしたり、腹を見せて甘えたりする犬の姿は全くない。生まれ持った〝本性〟だけがあった。

石井さんが飼っている犬はウォーカーハウンドという洋犬の系統だ。追跡犬としては持久力があり割と足が速い。声も大きく長距離の追跡に向いている。ただ、追い続ける持久力はあるのだが、途中で他の動物を見つけるとそちらに行ったりしてしまうことも。その結果、獲物を取り逃がしたり、なかなか帰ってこなかったりすることもあるらしい。

一方、日本犬は、昔から狩猟のために飼育されてきた。急峻で下草の多い日本の森林に適応した体つきで、飼い主に従順な性格が特徴だという。訓練によってはクマやイノシシ

といった大型獣と渡り合う勇猛さも引き出せる。実際に熊野地犬（紀州犬の一種）がイノシシに立ち向かう姿を見たことがある。子どもの白クマのような可愛らしい姿からは想像できないほどの激しさに唖然とした。だが、その勇猛さゆえに真っ向勝負に出て、相手にやられてしまうこともある。

もちろん、犬種だけで猟犬としての資質は決まらない。一匹一匹の犬の性格やしつけ方によっても違ってくる。石井さんは良い猟犬の条件を「やたらと吼えない。人にベタベタしない。獲物を吠えで止められる。犬同士で喧嘩しない」ことだという。「吠えで止められる」という意味は、追い詰めた獲物を吠え声で動けなくすることだ。イノシシにやられて犬がケガをしたり、死んだという話をよく耳にする。「攻撃的な犬ほどやられる。少々、臆病で警戒心の強いほうがいい」とも聞いた。

山住神社から水窪の町中に戻る途中の県道脇に「トチノキ」の案内表示がある。スギ木立の小道を30mほど下ると沢に出る。アカクボ沢だ。辺りを見渡して、思わずオッと声が出た。そこに、見事な胴回りをしたトチノキの巨木がドーンと立っていた。幹周り8・6m、樹高36mという巨体ぶりだ。推定樹齢は600年とか。森の巨人と呼ぶにふさわしい風格だ。

トチノキは旧水窪町の町の木である。落葉広葉樹の高木で大きく育つトチノキは古くから人との関わりが深い。木材は臼や木鉢として利用されてきたが、木目がきれいなこともあって一枚板のテーブルなどに使われる。戦後の乱伐もあって、今は希少な高級材の一つとなった。

水窪の名物にトチの実を使った栃餅がある。トチノキは秋になると大きな実をつける。かつて稲作が不向きな山間部ではヒエやアワ、キビなどとともに大事な食料であった。飢饉のときの救荒食でもあった。トチの実はデンプンやタンパク質を多く含むが、苦味が強く、そのままでは食べられない。乾燥させ、何日も沢水に浸し、木灰で煮てアク抜きするといった手間隙をかけてやっと食べられるようになる。栃餅には、山に暮らす人たちの知恵が生み出した食文化の名残を見る思いがする。

青崩峠付近、悉平太郎の墓の近くに木地屋の墓がある。木地屋とは、木地師とかロクロ師、木地くりとも呼ばれる民の総称だ。山の木を伐って椀や盆、木鉢、しゃもじ、曲げ物といった暮らしの器を作る職人の集団で、トチノキやケヤキ、カバノキ、ブナといった落葉樹の良材を求めて集団で山を渡り歩いた漂泊の山民ともいわれている。水窪には複数の集落に木地屋が暮らしていたという記録が残っている。

水窪は、面積のおよそ96%が森林であり、林業で栄えた町だ。50年ほど前まで木材を満載した森林鉄道が走り、水窪川の貯木場には夥しい木材が浮かんでいた。

「いろんなところから山仕事に集まってきていて、どういうわけか、土佐の人が多かったね。地元の人より日給が多かった」と、先の守屋さんは振り返る。

「昭和59年（1984）頃までは山の上から木材を吊り下げて麓に下ろす索道（ロープウェイ）があった。伐採や運搬がしやすい山の下から始まり、それが山の上までだんだんと移っていった。その分、手間隙（コスト）がかかる。林業が駄目になったのは安い外材のせいだけではないですよ」。そう話すのは、民宿「もちづき」のご主人だ。守屋さんと同級生で、父親の代に藁科川《わらしながわ》（静岡市）沿いの村から水窪に移り住み、植林の仕事をしてきた人だ。

林業の衰退とともに、かつてのような元気は見られなくなったが、水窪には森の文化が脈々と流れている。都会が失ったものが残っている。水窪の猟師たちは、その担い手ともいえる。

山と海の恵みを享受する伊豆半島

2015年7月20日の静岡新聞に、こんな記事が載った。

西伊豆町一色にある仁科川の支流で、川遊びをしていた家族連れが、害獣対策で設置された電気柵で感電し、40代の男性2人が感電死した。地元の警察署によると、電気柵の高さは約1m。川岸の斜面にあるアジサイの花壇をシカなどから守るために近くの住民が設置していたという。――その後の報道によると、問題の電気柵は設置した土地所有者が自作したもので、安全装置が付いていなかった。そして8月7日、電気柵を設置した男性(79歳)が「自殺した」と報じられた。

何とも気の滅入る事故だった。が、この事故は、シカやイノシシなどの食害に悩む中山間地の現実を炙り出している。高度経済成長期に始まった山村の過疎化、高齢化はいよいよ加速度的に進行している。静岡県内の過疎地域の比率は市町数では26・7%、面積では24%に及ぶ。人間よりシカやイノシシ、サルの数のほうが多い過疎地も既にあるのではないだろうか。

里山を歩いていれば、田畑の周りに害獣よけの防護柵(ネット)を見かけるのは普通のことだ。電気柵もよく目にする。現代の〝シシ垣〟だ。その効果のほどは実際のところはよく分からない。防護柵の設置には自治体から補助金が出るとはいえ、金も労力もかかっている。平野部の見通しのきく田畑とは違って山間部の農作地は、たいてい狭く区切られ、周囲を森やヤブに囲まれており、害獣の被害に遭いやすい。「狭い分だけ、被害が大きくなってしまう。やってられない」という農家のぼやきも聞いた。度重なる食害に耕作意欲をなくし、放棄してしまう人も後を絶たない。

県内で、最初にシカの食害が問題になったのが伊豆半島だ。10数年前から県の事業としてシカの捕獲に力を入れてきた。ただ、捕獲数は増えているが、生息数自体は減っていないのが現状だという。生息数は推定で2万7700頭、生息密度は1平方km当たり26・9頭（2018年3月末現在）。環境省のガイドラインである適正密度1平方km当たり5頭をはるかに上回っている。その生息分布も広がっており、「西伊豆の松崎町から下田に通じる県道15号線から南にはシカは行かないといわれていたが、いまは南伊豆までシカが進出している」と聞いた。県の調査でも、シカの生息分布が南伊豆まで広がっていることが分かっている。

伊豆半島のイノシシは丹波笹山のイノシシに負けないおいしさだといわれる。「伊豆のイノシシはドングリをたらふく食べてるからな。食い物がいいから肉も旨い」と、よその猟師たちは羨ましがる。伊豆半島の里山にはシイやカシ、ナラといったドングリのなる雑木林が比較的多い。ドングリをたくさん食べれば脂が乗る、いわば天然の最高級イベリコ豚のようなものである。

そんなイノシシも、いろいろと悪さをする。伊豆の特産であるシイタケを食べてしまう。

夏はスイカやトウモロコシ、秋にはイモ類。それにちょうど稲穂が垂れてくる頃の、実の中の乳液みたいなものを好んで食べるという。山肉として評判の高いイノシシと農作物を荒らすイノシシ。その落差を思う。

西伊豆小下田、土肥温泉の近くに暮らす猟師の鈴木忠治さん（昭和15年：１９４０生まれ）を訪ねた。玄関先で出迎えてくれたのは犬ではなく猫であった。

鈴木さんは25歳のときに遊漁船の仕事を始めた。遊漁と狩猟、海山が近い伊豆ならではの組み合わせである。

「鉄砲を始めたのは35歳くらい。遊漁船のお客には釣りだけでなく、狩猟の好きな人たちがいて、勧められたのがきっかけ。冬場の季節風の強いときなんか船を出せないから狩猟に出かける。釣竿と鉄砲を両方持ってくる人もいた」という。

鈴木さんが狩猟免許を取った昭和48年（１９７３）頃は、空前の〝狩猟ブーム（１９６０年～１９７０年代）〟で、狩猟者数は50万人を超えていた。ちょうど高度経済成長期と重なり、都会の金持ちの娯楽という一面もあったようだ。当時の映画やテレビドラマに、やたらと〝ハンター〟が登場するのも、当時の空気を映している気がする。

１９６０～１９７０年代は伊豆半島が観光ブームで賑わった時代でもある。地元の猟師にとってもいい稼ぎになった時代だった。

「土肥地区には昭和40年くらいまでは80人ほどの猟師がいた。野獣肉（山肉）を卸す肉屋も2軒ばっかあった。猟師は今10人ほど。当時イノシシの肉は、とても貴重な食材で、旅館なんかの引き合いも多く、内臓を抜いただけのいわゆるマル（頭も毛皮もついた状態）で1貫目（3・75kg）当たり1万円はした。20貫目のイノシシ一頭で20万円稼げた。精肉で計算すると1kg当たり7000円になった。山仕事と狩猟で生計を立てることができたから職業猟師もいた。ところが今は食肉加工センターに持っていっても目方は関係なく1頭マルで8000円から1万5000円というのが相場だ」

1980年代に入ると狩猟者人口は減り始め、2015年には19万人ほどになった。その約6割が65歳以上だ。狩猟者が減るなかで、シカやイノシシの食害が問題になり始めていたと鈴木さんは感じている。

「狩猟免許を取った頃、もっぱら鳥撃ちをやっていた。そのうち、ときどき地元の農家で刈り取り前の稲やイモを荒らされて困るという話が聞こえてきた。そういうこともあって大型獣を狙うようになった。当時、イノシシが悪さをすることはあっても、シカは高い山にいて、里山に下りてくることはなかった。だからイノシシが獲れないときは『シカでも獲ってみるべか』って、山を登ってササの生えているところまで行って獲ったものだ。狩に90年代後半から、農作物の被害が目立つようになった」。

猟ブームが去り、職業猟師もいなくなり、狩猟人口が減っていったそれに反比例するよう

2015年12月19日の朝日新聞に「伊豆市小下田の恋人岬の山中で、体長約160cm、体重約140kgのイノシシが駆除された――」という記事が載った。実は、この大イノシシを仕留めたのが鈴木さんら地元猟友会を中心とする面々だった。鈴木さんは、捕獲当時に使った地図を広げ、大捕り物の様子を語ってくれた。

これまでイノシシは国道136号線を挟んだ海側には出てこなかった。国道が緩衝帯になって入れないと思われていた。ところが5年くらい前から海側の田畑にも、どうもイノシシが出没しているらしいという情報が出始めた。近くには有名な観光スポット恋人岬がある。遊歩道があって観光客の往来も多い。いろいろ調べていくうちに、どうも恋人岬の遊歩道に近い山中に生息していることが分かってきた。

恋人岬は遊歩道を外れると、シイやウバメガシといった照葉樹林のジャングルだ。イノシシにとっては食べ物が豊富で、人間が入ってこず、隠れやすい、絶好の生息環境だった。足跡から、かなり大きなやつがいて、このジャングルを寝屋にしていると推測された。誰ともなく「岬の主」と呼ぶようになり、駆除の必要性が取り沙汰された。ただ、夏場は目

撃情報もあったが、冬になると不思議なことにどこに行ったか分からない。足跡も見つからない。そういう状況がずっと続いた。

ワナを仕掛けてみても獲れない。銃猟は、恋人岬周辺が自然の保護地区になっていることもあって厳しく規制されている。伊豆市の農林水産課と観光課に相談したところ、折しも恋人岬で30万円かけて植えた花壇がイノシシに掘り返されて、困っていた。観光客に万一のことがあっては大変と、結局、岬の遊歩道などを通行止めにして銃猟が許可されることになった。土肥地区だけでは人数が足りず修善寺の猟師にも声をかけて総勢30人ほどで11月の2日間かけて巻狩りを行った。

しかし、失敗。その日は冬場の伊豆にはよくある季節風の強い日だった。「犬が大物を見つけて追い出しにかかったが、寝屋でやり合って犬2匹が大ケガをした。相手はかなり利口で、一直線に逃げない。ぐるぐる回って匂いを散らして犬を惑わしてしまう。一筋縄じゃいかない相手」だと思ったという。

その後、鈴木さんは恋人岬付近の山に入り、観察を続けた。海岸線の岩場の近くに「やっこさんの足（足跡）が見える」。周りにはウバメガシの森で実がいっぱいある。この辺りにいると確信した。再度、行政に掛け合って12月に3日間、巻狩りの許可を得た。この機を逃してはならないという気持ちで臨んだ。11月と同じ、30数人の大掛かりな捕り物だった。そして仕留めた。

「犬が追い込んだ先が断崖で、それを下りていくと、ササヤブの中にいる相手の肩口を狙って2発入れたんだけど、まだ立っている。倒れない。3発目を鳴らしたら、ダダダーッと駆け下り、追いかけて寄ると犬を蹴散らしている。それで10mくらいまで近づいて頭を狙って4発目を撃った。やっと倒れたけど、それでも立ち上がろうとするから止めの5発目を撃った。それで終わった。見た瞬間、こいつだと思った。重くて、引き上げるときは、滑車を使って20人がかり。肉はみんなで分けた。ありがたく頂くのが一番の供養だからね」

鈴木さんを訪ねたのは「岬の主」と呼ばれた大イノシシを仕留めてから2ヵ月ほど経ってからのことだ。体調が悪そうだった。「風邪ですか」と尋ねると「うーん」と首を傾げ、しばらくあって「あの主を獲ったせいかなあ…」と苦笑した。

1月下旬。天城峠は残雪が凍っていた。辿り着いた南伊豆町入間の小さな漁港には強風が吹きつけ、波しぶきが顔を濡らした。南伊豆は何度か訪れているが、冬場は初めてである。夏場には観光客で賑わう海辺に人影はなく、寒々とした風景だ。冬の季節風が強いとは聞いていたが、想像を超えていた。温暖でのどかなイメージが吹っ飛ぶ。

厳冬期の南伊豆は強い西風が吹き付け、温暖なイメージが吹き飛ぶ厳しさだ

南伊豆町は伊豆半島最南端の、人口8400人ほどの町だ。産業といえば観光業を中心としたサービス業で、下賀茂温泉をはじめ、弓ヶ浜や石廊崎、波勝崎など海の景勝地が観光資源だ。熱海や伊東、下田といった観光地に比べたら、施設などは少ない。その分、手付かずの自然の姿が残っている。

伊豆半島ジオパークがユネスコの世界ジオパークに認定されたのは最近の話だ。南伊豆エリアも含まれている。太古の海底火山の記憶を刻む大地が、荒々しく、美しい独特の景観をつくっている。

南伊豆町の海岸線は複雑で、石廊崎(長津呂)、中木、入間、妻良、子浦といった港はいずれも天然の入り江として古くから人が住んでいる。今は小さな漁村の佇まいだが、海運が盛んだった帆船の時代には、子浦や長津呂はなどは風待港として賑わった。

江戸時代には上方と江戸を結ぶ海上の〝東海道〟があり、頻繁に帆船が往来していた。航海術や気象予報が未発達の頃、嵐を避けたり、追い風を待ったりする風待港は、いわば海のサービスエリアだった。下田が、風待港としてのみならず御番所（海の関所）が置かれて栄えたことはよく知られるが、南伊豆の小さな入り江もそれなりに人の往来があったのではないかと思う。

南伊豆町の浦々に、かつての風待港の賑わいを探すのは難しい。だが、地名や史跡に、その名残がある。例えば、妻良港近くの「子浦日和山遊歩道」だ。標高117mほどの日和山は、その名前の通り、日和を見る山である。かつて、この山から風向きや潮の流れを調べ、船の航行に役立てた。遊歩道の近くには方位を知るための方角石も残る。眺めのいい地蔵鼻の「ころばし地蔵」には、遊女にまつわる言い伝えがある。転ばせば海が荒れると信じられていたお地蔵様―遊女たちは馴染みの水夫を引き止めるため、時には花代も払わず船出していった人でなしに怒り、船を戻すため、八つ当たりするように地蔵を転がしたという。子浦の西林寺には、幕末、徳川14代将軍の家茂が、勝海舟らとともに上洛の途中に大風で3日間逗留したという記録も残る。

ひっそりとした浦々だが、船乗りたちのエピソードには事欠かない。彼らが航行の目印にした山々は、今も変わらない。

伊豆半島といえば海のイメージが強いが、実は75％は森林である。そのうち70％がスギ・ヒノキの人工林で24％が天然林。天城山にはブナやナラ、カエデといった落葉広葉樹の森が広がる一方で、その周辺には間伐や伐採を待つ人工林の森も目立つ。

南伊豆町の山を歩くと、半島の内陸部に比べて自然の森が多いような気がする。実際、町内の人工林率は28％とかなり低い（静岡県南伊豆町森林整備計画書：平成24〜34年）。とくに海岸線に近い山ほど、その印象は強く、天城山のような落葉樹の森ではなく、シイやカシといった冬でも青々とした常緑広葉樹が目に付く。いわゆる照葉樹林であり、まるでブロッコリーのようにもこもことしている。

手元に『三坂村郷土誌』の復刻版がある。昭和7年（1932）に編纂された郷土誌で、入間や中木、差田、一色、蝶野といった集落の記録だ。「三坂」の名前は、集落を結ぶ道が坂だったことに由来している。この辺りで一番高い山は標高279ｍの三坂富士だが、山々は海からせり上がるように屹立し、しかも山襞が深い。集落を結ぶ道は山間の坂道である。

郷土誌の自然編には、こうある。「適当に雨が降り地味が肥えている。丘陵が複雑に入り組み、海岸に面して気温が高いのでいたるところに草木が茂り、その種類も富んでいる。マツやスギ、ヒノキの針葉樹は峰谷を覆い、カシやシイといった常緑樹のほかに、サクラやクヌギ、ナラ、ヤマハンノキ、クリなどの落葉樹が茂っている。海岸にはクロマツが茂り、イマメ（ウバメガシ）、トベラ、イヌツゲも多い。野生の果実にはヤマモモがある。田植え後のヤマモモ採りは農民行事だった」

産業経済編の冒頭には「わが村の産業は農耕をもって第一とした。差田、一色、蝶野では秋から春にかけての農閑期には炭を焼き、中木、入間は漁業に従事した。商工業は振るわなかった。明治の中頃から養蚕をなす者も出てきて近年盛んになった」とある。

林業については「雑木林を仕立てて木炭材料となす者、最も多く炭焼業に従事するもの70余戸ある。マツ、スギなどの造林をなす者もあるが盛んではない」

スギ・ヒノキの造林だけが林業ではない。かつてこの辺りではクヌギやナラ、カシといった雑木は薪炭林として人が手をかけていた。旧三坂村では、スギなどの造林より、豊富なクヌギ、ナラ、そしてウバメガシを利用した炭焼きが盛んであったようだ。中でもウバメガシは、高級木炭の代名詞ともなっている「備長炭」の原料である。クヌギやナラ、カシといった雑木は、スギ・ヒノキの人工林と違って、伐採した後に、その切り株からひこばえ（若芽）が出て成長する。15～20年で、また薪炭の用材として利用できる。

しかし、戦後の高度経済成長とともに、燃料がガスや石油に変わり、薪炭の需要は急速に減った。戦後、落ち込む一方だった薪炭需要が多少見直されたのは平成に入ってから。以降木炭の需要は増加に転じているが、国内の生産量は回復することなく、中国などからの輸入に頼っているのが現実だ。

今ではかつて70戸余りあった炭焼きの姿を見ることはできない。鬱蒼《うっそう》とした照葉樹の森の中に炭焼き窯の跡が残るだけだ。


「昔は山がきれいだった。炭焼きなんかで人の手が入っていた。山の裾野には畑があって、よく手入れされていましたよ。隣の集落に行くのも山道で、父親（昭和13年：1938生まれ）が子どもの頃、夜、提灯を下げて夜道を通ったそうです。山が賑やかだった。獣もおちおちしていられない。

今は、耕されないまま荒れた畑が増えてボサ（藪）になり、獣にとっては、いい隠れ場所。南伊豆は温暖だし、シイやカシなどの餌になるドングリも豊富で、もともとイノシシにとっては暮らしやすいところ。おまけに山に人が入らなくなったからもっと棲みやすくなっている。昔は猟師も多くて、たくさん獲っていたけど、今、地元で銃猟をやる人は10

（右）木が続く南伊豆の山中をどんどん行く石井さん　（左）犬は空を向いて匂いを嗅ぐと、後ろを振り向きつつ、サッと走っていく

人ほど。そんなこともあって農作物の被害も増えている」

そう話すのは外岡秀人さん（昭和41年：1966生まれ）だ。入間港からひと山越えた差田集落で民宿を営んでいる。腕利きの猟師だった父親の後を追って30歳のときに狩猟免許を取った。猟期には毎日のように狩りに出る。

外岡さんの民宿のすぐ側に、「本部」と呼ばれる建物がある。以前は小さな工場だったようだが、改築され、狩猟仲間の拠点になっている。建物に入ると、いきなり3頭のイノシシに出迎えられた。といっても、内臓を抜いて解体を待つイノシシだ。外岡さんに尋ねると、前日に仕留めた獲物だという。

午前8時、気温4度。強い西よりの季節風が吹いていた。「本部」に集まった猟師たちの仕事は薪ストーブに火を起こすことから始まる。ストーブが赤々と燃え、お湯が沸き、熱いお茶をすすると体の芯が温まった。この日のメンバーは8人。1時間ほどして、それぞれの配置を決め、軽トラックで散っていく。この日は、タツマ（射手）をやる外岡さんの車に同乗させてもらい猟場に向かった。

陣取った小さな沢沿いで、外岡さんにいろいろ尋ねてみた。

――前日は、ずいぶんと獲物があったようですね。

「これまでの経験からだけど、天気が変わるときにはよく獲れる気がします。例えば、急に冷え込んだりするとモノは山の上のほうから山裾に下りてくる。動きがあればアシ（足跡のこと）を見付けやすくなり、こちらは作戦を立てやすくなるからね。ここらの巻狩りでは、犬を引いて山に入る勢子は高いところに犬を連れて行く。アルプスのような山じゃないから、山の上まで行って全体の様子を見渡して、犬の声を聞きながら判断していく。犬の鳴き声で、今モノを見つけた、追っている、追い詰めて足止めさせている…いろいろなことが分かる」

――この辺りのイノシシはおいしいと聞いたのですが。何か特徴はあるのですか。

南伊豆の狩猟グループの拠点。地元だけではなく東京からも

「南伊豆のイノシシを一言でいえば、脚が小さくて、体が大きい」

——どういうことですか。

「動き回らなくても、身近においしくて栄養価の高いシイやカシなどのドングリがいっぱいある。イノシシは雑食でサワガニやミミズなんかの小動物も食べる。シイやカシの雑木

南伊豆の照葉樹の森をゆく。カシやシイのドングリが豊富でイノシシの肉が旨いという

の山には、小動物も多いから、餌には困らない。しかも温暖で棲みやすい。体が肥えて大きい割には脚が小さいということです」

――南伊豆でもシカが問題になっているようですが。

「昔は獲物といえばイノシシだったけど、シカが増えてきています。耕作放棄地が増えたことや餌場になるゴルフ場も原因かもしれない」

この日は、仲間からの無線を聞きながら、何度か銃を手にすることはあったが、一度も撃たなかった。「今日は風が強いから、あまり条件は良くない」と、外岡さんは銃をケースに収めた。午後4時すぎ、獲物はなく、猟は終わった。

南伊豆では何度か狩猟に同行させてもらった。

山を知るには勢子に付くのが一番だ。12月初旬、勢子役の石井康弘さん（水窪と南伊豆、半々で猟を続けるベテランハンターだ）に付いて山を歩いた。今の巻狩りでは、犬を引き連れた勢子が山に分け入り、犬を放し、その後を追う。タツマは待つのが仕事だが、勢子は山を駆け回っている。

午前9時過ぎ、林道の終点で車を止め、シイやカシの茂る照葉樹の山に入った。スギ・ヒノキの植林地なら作業用の杣道《そまみち》もあるが、石井さんは放った犬の後を追って急斜面の道なき道を登っていく。照葉樹の森の床にはアオキやイヌビワといった灌木が茂り、視界を狭くするが、ロープ代わりの手がかりとしては役立つ。人の踏み跡のない山で置いてけぼりにされるのはごめんだ。登り始めて20分ほどで石井さんの足が止まり、尾根筋に出た。

ペットボトルの水を飲み、一息ついたところで、南伊豆の山の特徴について尋ねると「山が小ぶりで、巻狩りがしやすい」という。水窪や井川、梅ヶ島のような広遠な山ではなく、標高も低く、こじんまりしており、獲物を追いやすいのだ。

猟犬とともに森をゆく石井さん。犬は、訓練中らしく主の傍を付かず離れず

しばらくして、尾根を下りると開けた谷間に出た。そこにはいくつもの足跡が残る泥地があった。シカやイノシシが泥浴びをする「ぬた場」だ。足跡は大小あり、それも割と新しいらしいのが素人目にも分かる。ぬた場があり、足跡が新しいということは近くに獲物がいるということだ。

ものの5分もたたないうちに、近くで犬がけたたましく吠えた。山を駆け下る石井さん

谷間のヌタ場。体に付いたダニなどの寄生虫を取り除いたりする泥場

の後を追うと、そこには体長50～60cmの小さなイノシシが横たわっていた。犬が倒し、最後はナイフで止め刺しした。「たぶん春に生まれた子どもだ。親と一緒だったのだろうけど、親はどこかに逃げたらしい。親が子どもを犠牲にすることもある」と、どこか怒ったような顔で石井さんが呟いた。犬はただ獲物の周りをぐるぐる回っている。相手の大小が分かるわけではない。

　石井さんに、狩猟の醍醐味を聞いてみた。

「もっと大物が獲れるんじゃないかと、山に入ること。狩猟は相手との駆け引きだから、自分の読みが当たったときが一番うれしい。それには山を読む力がないと。寝屋（寝床）やぬた場、足跡を探り、相手の気持ちになって動きを読む。それには場数を踏むしかない」

　午後4時前、その日の猟は終わった。「本部」に戻り、薪ストーブを囲んで、冷え切った体を温めた。

南伊豆の狩猟メンバーには、東京からの参加者もいる。都内の銃砲店に紹介されてやってくる。狩猟ブームの頃には、高級車で乗りつけるハンターもいた。地元の猟師はガイド料をもらって、狩猟を楽しませる。そういうシステムらしい。海釣りの遊漁船に似ていなくもない。

12月下旬、伊豆市に向かった。「ワナにイノシシがかかった」という知らせがあったからだ。

待ち合わせ場所に着くと、小柄だが頑丈そうな体格の猟師が待っていた。挨拶もそこそこに軽トラックに同乗させてもらい現場に向かった。民家から、そう遠くない林道で車を止め、スギ林に入った。

現場は林道からすぐのところだった。スギ木立の間に動くものがある。一頭のイノシシがくくりワナにかかっていた。毛が逆立ち、その周囲の土が掘り返されているのは、あらがった跡だろうか。猟師は2mはあろうかという柄の長い金槌のようなものを手に間合いをつめ、眉

ワナにかかったイノシシに一撃する内田さん。命と向き合う現場でもある

間めがけて一撃。昏倒したイノシシに近づいた猟師はナイフで素早く喉元を突いた。「止め刺し」だ。獲物の瞳孔が開き、土が赤く染まった。

「気絶させておいて、心臓が動いている間に止め刺しをし、血抜きする。そうすることで、肉が腐りにくくなる」という。

猟師の名は内田康夫さん（昭和27年：1952生まれ）だ。20歳のとき狩猟免許を取り、20代は、猟期には毎日のように山に入った。

「とにかく金になった。イノシシが1kg1万円、シカが6000円という相場。狩猟で稼いだお金で冷蔵庫を買ったのを覚えているよ。金になるから猟師同士の縄張り争いも厳しかった。でも世の中がだんだん変わっちゃって、商売にならなくなった」

30歳のときに地元の公務員になったが、狩猟は続けた。今、銃猟はやめてしまったが、ワナ猟を続けている。アユ釣りや山菜採りにも詳しく、狩猟採集の民とでもいった人物だ。内田さんのワナ猟の腕前は、猟師仲間からも一目置かれている。有害捕獲も含め、年間200頭も獲る。

銃猟人口は昭和50年頃を境に減っているが、ワナの狩猟者は増えている。銃猟に比べて免許が取りやすい、費用も少なくて済むといったことが背景にある。銃猟に比べて、規制も緩やかだ。狩猟期間以外の有害捕獲を含めれば、ほぼ一年中狩猟が可能である。市町長が許可した有害捕獲ならば報償金も出る。静岡県の場合、市町によって金額は若干違うが、シカ・イノシシで1万5000円から2万円が目安だ。報償金目当ての狩猟者があるとも聞く。

しかし、そうそう簡単に獲物がかかるわけではない。

「ワナ猟は、仕掛ける場所が一番大事なんだが、ひと口にいえば〝見切り〟に尽きる。免許を取った頃は、見切り専門だった。とにかく山を歩いて、獣道とか、寝屋(寝床)とかを探すわけさ。そういうことばっかりやってきたから、だいたい相手の動きが読めるようになったんだと思

獲った後が大変。左が内田さん、右が弟子である野田さん

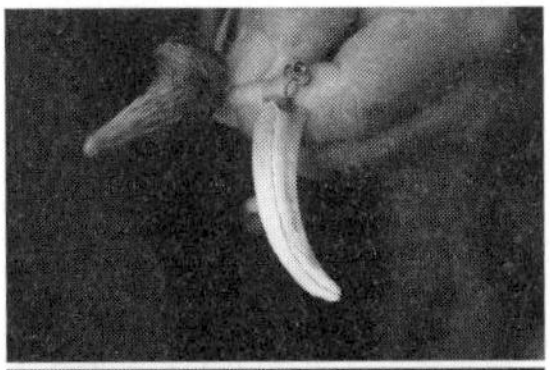

(上) 内田さんの猟師仲間が見せてくれたイノシシの牙 (下) 内田さんと狩猟仲間が若い頃の写真

うよ」と、内田さん。

内田さんには、古い猟師仲間とは別に若い弟子がいる。野田康代さんだ。ワナ猟の弟子になってから5年。大学卒業後、イタリア料理店で修業した料理人でもある。内田さんに付いて見切り、止め刺し、そして解体までを学んでいる。

野田さんが狩猟を始めたきっかけはシカやイノシシの被害を身近で感じたから。一方で、命を粗末にしたくないという気持ちも強い。有害捕獲で、獲物の数は増えているが、その分だけ、命が粗末に扱われがちだとも感じている。

「欧米ではジビエ（野生の鳥獣肉）は高級食材ですが、日本ではちょっと認識が違う。料理人としては、もったいないと思うし、命をきちんとおいしく頂くことが供養だと思いますよ」

第三章　野生動物を食べる

「ひと頃に比べたら、獲物は多くなっているけど、肉を粗末にしてるな」

取材の間、どこへ行っても老練の猟師たちからよく耳にしたセリフだ。

取材した猟師たちは、獲物を現場で捌き、参加者全員で均等に分けて、お開き。あるいは、みんなで鍋をつつきながら狩猟談議に花を咲かせたりする。

昭和50年をピークに狩猟人口は減っているが、シカ・イノシシの捕獲頭数は増えている。環境省の調べによると、平成28年度の捕獲頭数は全国で約１１８万頭。平成18年度は約45万頭だから10年間で2・5倍以上だ。

（上）梅ヶ島の温泉施設のイベントで振舞われた猟師鍋　（下）湯気と匂いに誘われ長い行列ができていた

背景には、猟期の実質的な延長がありそうだ。静岡県では狩猟は、平成30年から、それまでの11月15日〜2月15日までの3カ月間が、11月1日〜3月15日に延長になった。さらに「有害鳥獣捕獲」や「管理捕獲」もある。7月〜9月の銃猟は禁止だが、ワナ猟はOK。ほぼ1年を通して猟をする環境はできている。増えすぎたシカ・イノシシを減らすための行政の苦肉の策ともいえるが、狙われる側としては気の休まる暇がない。

では、獲った獲物はどうなるのか?

獲物が増えているのだから消費者が口にする機会も増える——と考えるのが一般的だろう。実際、平成25年(2013)頃からシカ・イノシシを食材としたジビエブームが起きている。ジビエ料理の伝統があるフレンチレストランにとどまらず、居酒屋や焼肉店、ファストフード店でもシカ・イノシシの肉が食べられるという。平成26年(2014)には、ぐるなび総研が、その年の世相を映し、後世へ残したい食として選ぶ「今年の一皿」に「ジビエ料理」が選出された。現在、一般社団法人として活動している日本ジビエ振興協会が任意団体として発足したのは平成24年(2012)のことだ。

だが、狩猟の最前線である現場では「食べる」というよりは「埋設」、「焼却」という言葉をよく耳にした。平成27年(2015)に農林水産省が出した「捕獲した鳥獣の食肉利用について」と題した報告書には驚いた。「捕獲鳥獣の処分の状況」の項目をみると、捕獲現場等での埋設処理が約8割、ゴミ焼却場等で焼却処理が約5割、食肉利用が約1割(30市町村に対しての聞き取り調査で、複数回答)とある。凍えるような山中で、やっと1頭の獲物を仕留め、それを仲間で分け合う猟師からしてみれば、何ともやるせない話ではないだろうか。

増え続けるシカ・イノシシの被害防止のための駆除の結果ともいえるが、もったいない話だ。もちろん行政側にも、その意識はある。農水省では、害獣駆除などで捕獲した鳥獣を地域資源として有効活用する観点から、いくつかの施策を打ち出している。地域における捕獲鳥獣の食肉処理加工施設の整備や商品開発、販売・流通経路の確立などの取り組みの支援、捕獲鳥獣の食肉利用のためのマニュアル作成や研修の実施などである。そうした効果もあってか、全国の処理加工施設は、平成20年に42ヵ所だったものが、平成27年6月には172カ所に増えている（都道府県への聞き取り調査：農水省）。

12月中旬、伊豆市の食肉加工センター「イズシカ問屋」を訪ねた。平成23年に開設した市営の獣肉専門の処理加工施設だ。事業費は約6000万円で、国や県から3割余りの補助を受けている。

伊豆市では、シカ・イノシシの被害対策

イズシカ問屋の食肉解体施設。シカ・イノシシの食肉流通を前提とした施設だ

として、毎年3000頭ほどが有害捕獲されていたという。一部は猟師が自家消費するが、多くが山に埋められていたという。「せっかく頂いた命を最大限に利用しなくては」、「獣肉を利用して、地域の新しい特産品にしたい」、「捕獲したシカ・イノシシを買い取ることで、狩猟者の捕獲意欲を増進させる」といったことがイズシカ問屋の設立の目的だという。

午前10時頃に訪ねると、すでに数頭のシカの解体が始まっていた。天井に敷かれたレールのフックから吊り下げられたシカを1人の職人が手際よく捌いていた。

イズシカ問屋に持ち込まれるシカ・イノシシの頭数は年間1000頭余り。開設当初に比べ2倍以上で、9割ほどがシカだ。月ごとのばらつきはあるが年間を通して搬入されている。また、ワナ猟で捕ったものが9割以上である。

ただし、受け入れには条件がある。「市内に住民登録している猟友会員か、伊豆市有害鳥獣捕獲隊員のいずれか」であり、登録が必要だ。伊豆市の捕獲隊員は220人ほどだ。

イズシカ問屋の買い取り制度は、シカ・イノシシの区別はなく、体重によって1頭につき8000円~1万4000円。被弾箇所やワナ捕獲箇所などの傷み具合によって、精肉にならない部分は減額される。

伊豆市の買い取り制度は、狩猟者にもおおむね好評のようだ。開設当時に比べ、搬入される頭数が2倍以上に増えていることも、その証しだ。

獲った獲物は、その場で血抜き（放血）し、「2時間以内」にイズシカ問屋に持ち込む。登録した猟師は、捕獲した場所や時間、捕獲方法、性別、体重などの個体記録をシートに書き込む。個体記録を残すことで、トレーサビリティーを実施しているのだ。

個体記録を残した獲物は、皮を剥ぎ、内臓を抜く。シカの場合は、剥皮はイノシシよりも楽で、イズシカ問屋では電動ウインチで引っ張って皮を剥いでいる。肉と骨だけになった獲物は電解水を使って洗浄する。電解水というのは水を電気分解してアルカリ水と酸性水に分けた水のことで、アルカリ水には洗浄効果があり、酸性水には殺菌効果がある。

個体記録を残すことでトレーサビリティーの一環を担っている

（右）精肉はガラスの向こうで行われていた　（左）イズシカ問屋のシカ製品

その後、骨のついた状態で7～10日間、冷蔵保存する。「熟成です。骨付きで保存することで、骨からアミノ酸などの旨味成分が肉に染み込み、余分な水分を取り除く。おいしい肉を提供する工夫です」と話すのは、伊豆市産業部農林水産課の担当者だ。この熟成が、イズシカ問屋の売りの一つである。熟成後は、職人によって精肉加工し、真空包装、急速冷凍などを経て10軒ほどの販売店に卸される。

イズシカ問屋の設備は清潔でよく出来ている。獲物を、その場で捌き、自家消費するやり方とは大きく違う。肉が商品だからである。捕獲してから一般消費者の口に入るまで食品衛生法という厳しいハードルがある。厚生労働省がつくった「野生鳥獣肉の衛生管理のガイドライン」（平成26年度）をクリアしなければならない。おのずと設備投資にお金がかかる。それに、家畜のような肉の安定供給にはほど遠い。「収支はどうですか」とただすと「赤字です。が、売り上げは伸びてきており、赤字額は縮小しています」と担当者。その背景には買い取り制度が定着してきて、設備の稼働率が136％（平成29年度）ほどと上がってきていることがある。

また、イズシカ問屋では「減容化」も進めている。それまで、処理施設で受け入れができない個体は狩猟者が持ち帰り、各自で処分せざるを得ず、負担が大きかった。そこで国や県の補助金を活用し、約4000万円をかけてバイオ技術を使って個体を分解する減容化設備を導入した。狩猟者の負担軽減と捕獲意欲向上を図る試みである。

以前、ジビエ振興のための講演会で「一時のジビエブームで終わらせてしまうのではなく、テーブルミート、家庭料理の中でシカやイノシシがおかずとして定着するのが目標」と聞いた。

ただ、さまざまな立場の人に話を聞くと、ジビエ普及のハードルは高そうだ。気軽には食べられない。獣肉が一般消費者へと届くまでには衛生管理という視点からイズシカ問屋のような解体処理施設が必要になる。だが、そんな施設があちらこちらにあるわけではなく、運搬には手間と金がかかる。近年では、移動式解体処理車（ジビエカー）が登場しているが、効率化ができるかどうかは未知数だ。流通ルートの確立にも課題は残る。

一方で、地域振興のイベントなどで猟師たちが振る舞うシカ鍋や焼肉には行列ができる。メディアなどで取り上げられることも増えてきたため、調理されたものなら食べたいという人も増えている。そこを繋ぐ仕組みはまだこれからというところだろう。今のところ、現場の猟師や地元行政の地道な活動によってその存在と価値を広めていくしかない。

解体

「獲るのはいいんだけど、その後がなかなか面倒なんだよ」と、以前、ある老猟師が話していた。「面倒」とは解体のことである。シカ・イノシシの解体は魚を捌くのとは訳が違う。

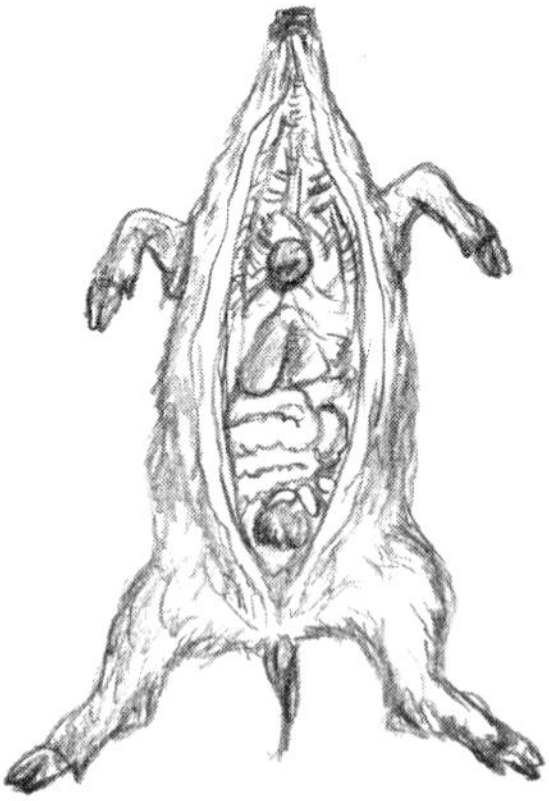

とどめを刺して血抜きをしたら、ナイフで腹を開く。自然のものしか食していないイノシシの腹の中は、ストレスもないのかとてもきれいなことが多い。昔はイノシシ肉は高級で、旅館などに売っていたため、猟師は内臓しか食べたことがなかったという

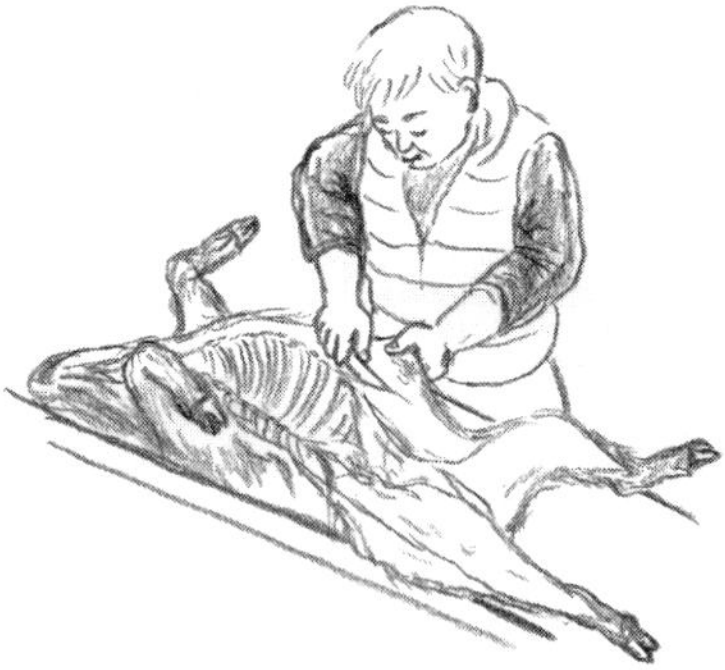

内臓を外したら、イノシシを寝かせて皮を剥く。皮と肉の境目に刃を当てて、力をいれずにスーッと引くように削いでいく。脂身を皮に残さないように、かといって毛穴のボツボツが肉に残らないように、デリケートな作業が続く

手間のかかる仕事だ。

取材中、猟師が解体する場面に何度も立ち会った。だいたい、狩猟の腕のいい人ほど、皮の剥ぎ方や肉の捌き方がうまいという印象がある。それだけ経験が豊富ということだろう。

「シカの皮剥ぎは、割と簡単なんだが、イノシシは皮の下の脂身がご馳走だから、皮剥ぎに手間がかかる。ただ、いつまでも肉を触っていると焼けてしまうから、なるべく肉に触らないようにさっさとやらなければならない」

取材した猟師に共通したこだわりだ。

ジビエ料理

野田康代さんはワナ猟師であり、料理人である。また、地域活性化事業を展開する「NPOサプライズ」の事務局長という肩書も持つ。NPOサプライズが運営する修善寺のレンタルオフィスにキッチンスタジオを持つ野田さんを訪ね、ジビエ料理の極意を聞き、何品か振る舞ってもらった。

―獣肉には「臭い」「硬い」といった先入観がありますが、何が原因だと思われますか?

野田さん「発情期のオスの固体や年のいった固体は、きちんと血抜きしていても臭みが残ることがあります。ただ、基本的には迅速に、適切に、処理がされていれば、臭みはほとんどないものだと思います。状態の良くないものを知り合いからもらって食べた経験をした方には先入観があるのかな、という気はしますが…。硬いというのも、火を通しすぎると硬くなるのですが、狩猟肉ということで衛生的な心配から加熱しすぎる傾向にあるのかもしれません。とにかく柔らかい脂の乗った牛肉がもてはやされる傾向にあるので、それに比べれば確かに硬いです。慣れという部分も大きく影響しているのではないでしょうか。匂いも慣れないものは臭いと判断されがちです」

―仕留めた獲物の流れについて（自家消費の場合）。獲ってから解体までの流れ。イノシシとシカの違いはありますか？流水（沢）に浸ける理由は？

野田さん「私が教えていただいている現場では、イノシシとシカの大きな違いはありません。解体の時に皮を剥くのが、イノシシの方が大変ではありますが。流水に浸けるのも、基本的にはすぐに解体処理ができない場合のみです。銃猟の方は仕留めてから山をでるまでに時間がかかるので、そのままにしておくと内臓温度が上がってしまい肉が傷んでしまうので沢で冷やすということは聞いたことがあります。ワナは仕留めてからすぐに移動できるので、冷やす間もないのかなと思います」

―解体における留意点は？解体において、イノシシとシカは（難しさなどで）違いますか？

野田さん「一番の違いは皮剥《む》きの難しさです。シカは、ともすれば引っ張るだけで服を脱ぐように皮を剥《は》がせますが、猪の場合は脂をできるだけ残すように皮のぎりぎりのところに刃を入れながら少しずつ剥がします。脂がおいしいので。その際に皮に穴をあけてしまったり、脂を削いでしまったり、慣れないと本当に難しいです。肉に関しては筋膜にそってできるだけ傷をつけないように部位分けをすることに気を付けています」

―獣肉（シカ、イノシシ）のおいしさは。どこにあるとお考えですか？―家畜に比べて。

野田さん「イノシシのおいしさはやはり脂にあると思います。臭みがなく甘味さえ感じる脂が魅力です。シカ肉は逆に脂ではなく筋肉質なお肉そのものの風味が魅力です。夏草を食べている時期のシカ肉からは、ほんのり青草の香りがします。時期によってもお肉の風味が変わるところもジビエの魅力の一つだと考えています。それと、薬臭くないところですね。スーパーで買うお肉は、うっすらですが薬臭く感じます。慣れているので拒否するほどではないですが」

―料理人として、獣肉をおいしく食べるために留意していること。また、おいしく食べるためのコツは。

野田さん「焼く際には火を入れすぎないことと、煮込む際には表面にしっかり焼き目を付けてカベをつくることで、肉の中の風味が出ていかないように気を付けます。ミンチや薄切り等、焼き目を付けられないものの場合は、旨味が溶け出したソースまでしっかり味わえるようなメニューにします。後は、状態の良いお肉の臭み抜きをなるべくしないこと。臭みではなく風味が抜けてしまうので」

——屠《ほふ》った獲物が無駄にならないようにするためには、今後、どういう方策が必要だと思われますか？

野田さん「ジビエの消費が増えることが一番だと思います。とはいえ、食卓に日常的なメニューとして、というのは無理があるので、より多くの料理人に現場を知ってもらい食材として使いたいと思ってもらえるような情報発信や体験の場を増やしていきたいと考えています。それから、人間だけではなく、動物にも非常に適したお肉なので、ペットフードや動物園等の連携がさらに促進されるといいなと思います」

GIBIER RECIPE

鹿肉のミートソース

材料

鹿肉ミンチ…………500g
玉ねぎ………………1個
人参…………………1本
トマト缶……………1缶
赤ワイン……………200cc
オリーブオイル……適量
塩……………………大さじ 1/2
コショウ……………適量
はちみつ……………大さじ1

コメント

・鹿肉の香りが活きるように、セロリは使っていません。
・脂が少ないお肉なので、ミンチを炒めるときには焦げやすい点に注意してください。

作り方

①玉ねぎと人参をみじん切りにして、オリーブオイルで色づくくらいまでしっかり炒める。
②鹿肉ミンチを入れてほぐしながらしっかり炒める。
③トマト缶・赤ワイン・塩・コショウ・はちみつを入れて中火で煮詰める。
④20〜30分煮込んだら水分が少なくなるので、焦がさないようにたまに鍋底をこそげながら炒める。
⑤味を見て、足りない様なら塩コショウを加えて味を調える。

ロースト鹿

材料

鹿ロース肉…………500g
玉ねぎ………………2個
人参…………………1本
塩……………………適量
コショウ……………適量
オリーブオイル……適量

コメント

・塩を早めにふってしまうとドリップ（旨味）が出てしまって風味が落ちてしまうので、焼く直前にしてください。
・低温で焼くことで、鹿肉のきめ細やかさが引き立ちます。

作り方

①鹿肉は常温に戻しておく。
②玉ねぎと人参はスライスして1/3を天板に敷いておく。
③焼く直前に塩コショウを強めにまぶし、表面に焼き色を付ける。
④熱したフライパンにオリーブオイルをひき、鹿肉の表面に焼き色を付ける。
⑤野菜を敷いた天板に鹿肉をのせ、その上から残りの野菜を更にかぶせる。
⑥120℃に余熱したオーブンで40～50分（肉の厚さによる）加熱する。
⑦鹿肉を取り出して、2重のアルミホイルに包んで30分ほど休ませる。
⑧天板に残った野菜は、フライパンで炒めて赤ワイン・塩・コショウで味を調えたらフードプロセッサにかけ、ソースとして使う。
⑨肉汁が落ち着いたら、鹿肉をスライスして⑧のソースをかける。

レバーペースト

材料

鹿レバー……………………………500g
玉ねぎ………………………………1個
牛乳……………………レバーが浸るくらい
赤ワイン……………………………100cc
ローリエ(お好みのハーブ)………適量
塩……………………………………小さじ1
コショウ……………………………適量
バター………………………………50g
オリーブオイル……………………適量

作り方

①レバーは筋を取り除き一口大に切り分け、ひたひたの牛乳に20～30分漬け込んでおく。
②玉ねぎはスライスにしてオリーブオイルで色づくくらいまで炒める。(焦がさないように)
③玉ねぎを炒めているフライパンに、レバーを入れて塩コショウをふり、更に炒める。
④赤ワインとハーブを加えたら、中火で水分がなくなるまで煮詰める。
⑤フードプロセッサーに④のレバーと玉ねぎ・バターを入れなめらかになるまで攪拌する。

コメント

・バターをいれることで、風味がリッチになります。
・牛レバーの場合にはセロリを入れますが、風味を生かすために鹿の場合はシンプルに玉ねぎのみにしました。

GIBIER
RECIPE

猪の角煮

材料

猪バラ肉…………………… 1kg
コーラ……………………… 500ml
醤油………………………… 1cup
みりん……………………… 1cup
ネギの青い部分………… 1本分
ショウガ…………………… 1片
塩…………………………… 適量
コショウ…………………… 適量

コメント

・猪肉に焼き目をつけるときには、強火で短時間でカリッと焼くことで香ばしくなります。
・肉の処理方法によって臭みがあるときは、1～2度茹でぼすことで臭み抜きが必要な場合もありますが、ゆでこぼし無しの方が猪の旨味がしっかり出ます。

作り方

①ショウガは厚めのスライスにしておく。
②猪肉を3cmほどの厚さに切り分け、塩コショウで下味をつける。
③下味をつけた猪肉を、アツアツに熱したフライパンに入れて表面を焼き付ける。
④圧力鍋に表面を焼いた猪肉と※の調味料・ネギとショウガを入れたら、しっかり蓋をしめて中火にかける。
⑤圧力鍋の重りがふれてきたら、少し火を弱め(重りが止まらない程度に)、10分加熱する。
⑥10分立ったら火を止め、圧が抜けてから蓋を開ける。
⑦猪肉が柔らかくなっていることを確認したら、そのまま弱火にかけ、煮汁を少し煮詰める。

レシピ・料理提供：野田康代

おわりに

北海道から西表島まで、幾多の森を旅したことがある。南北におよそ3000㎞の弧状列島は亜熱帯から亜寒帯まで幅広い植生が分布している。加えて列島には標高2000～3000m級の高山も聳《そび》える。水平分布と垂直分布が相まって、亜熱帯のマングローブからシラビソやトウヒといった亜寒帯の森まで、実際に歩いてみると日本の森は表情が豊かで、実に奥が深い。

日本人は山を信仰の対象として畏れ敬い、祖霊が宿る場所と信じてきた。富士山をはじめ、名山といわれる山の多くは、霊峰として崇められてきた。登山好きの人なら、登山口に神社が鎮座し、山頂に祠があることを知っているはずだ。どんな名もない山にも山の神が在る。山川草木、森羅万象に神が宿るという宗教観だ。

山は人にとって神に等しい存在であり、同時に大いなる恵みをもたらす生命の源でもある。

豊かな森は、水を蓄え、多くの動植物を育む。滋養に満ちた水は野、里、川、そして海をも豊かにする。森の養分が海草や海藻を育て、魚介類の餌となり、揺りかごにもなる。

昔から海岸近くには「魚つき林」というものがあり、森を守った。今では「豊かな森は豊かな海を育む」を合言葉にして海から遠く離れた森に落葉広葉樹を植える運動も進む。昔人には科学的な知識はなかったかもしれないが、経験による知恵があった。

森と海の繋がりは各地に神事としても残る。

屋久島には「岳参り《たけまい》」という伝統行事がある。集落ごとに御山があり、登拝者は竹筒に詰めた海砂や米などを山の神を祀った祠に供え豊漁豊作を祈願する。白神山地の日本海に面した青森県深浦町大間越の「御山参詣《おやまさんけい》（山かけ）」も、山の恵みに感謝し、白神岳（標高1243m）に登拝する神事だ。

森は野生の生き物の棲み処でもある。豊かな森は賑やかだ。

秋の白神山地。世界自然遺産のコアゾーン（核心地域）である櫛石山（764m）の深いブナの森で、幹に生々しい爪痕が残るブナを何本も見かけた。見上げると枝を折って寝床状になった「クマ棚」だ。冬眠に備え、クマがよじ登り脂肪分たっぷりの実を食べた跡である。ブナの幹には日本最大のキツツキ、クマゲラの巣穴もあった。もう一つは、人間の痕跡である。ブナの木肌には、猟師や山菜採りが迷わないように鉈《なた》で刻んだ目印「鉈目《なため》」も残されていた。

「白神の森は、植物、動物、それに人間が、それぞれ分かち合ってきた」と語った現役マタギの山ガイドの話をよく覚えている。

日本には、斧を知らない森はおそらくない。

世界自然遺産の屋久島の奥山からでさえ屋久杉の巨木が伐《き》り出された時代があった。ヒノキの銘木で知られる木曽赤沢の森では江戸時代になると、城郭や神社仏閣の造営などのために多くのヒノキが伐られ、一時は禿山《はげやま》になったという記録も残る。

先人たちは昔から、森林の資源を建築用材、薪炭、農業用の肥料、家畜の餌、そして食料として利用してきた。シカやイノシシ、クマなどの野生動物も、そうした森の恵みだった。だが、江戸時代に入って人口が増えると、建築用材としての木材需要が増大し、また新田開発で田畑を増やすために全国各地で森林伐採が盛んになった。結果、森林は荒廃し、大雨による洪水などの災害が深刻になった。例えば洪水に悩まされた岡山藩に仕えた儒学者の熊沢蕃山（１６１９～１６９１年）は「山川は国の本（もと）なり」、「木草しげき山は（中略）洪水の憂いなし。山に草木なければ（中略）洪水の憂いあり」と記し、森林の乱伐に警鐘を鳴らしている。

危機感を持った江戸幕府は寛文６年（１６６６）に『諸国山川掟《しょこくさんせんおきて》』を出し、伐採の規制や植林による造林も行われるようになった。水源涵養林や防風林、防砂林などの造林が進められた。先の木曽赤沢の森でも尾張藩が「留山《とめやま》」という禁伐の制度を設けた。わが静岡では、幕府の直轄領であった天城の森もスギやヒノキ、サワラなどの伐採が厳しく制限されていた森である。

しかし明治時代に入ると世の中は大きく様相が変わる。西欧化が進み、建築用材や薪炭用だけでなく、鉄道の枕木や電柱、造船材料、パルプの原料など近代産業の発展に伴って木材需要は大幅に増大する。そのため再び森林荒廃が深刻化した。いたるところで官有林の盗伐や民有林での乱伐が行われ、明治中期は、過去、最も森林が荒れた時代となった。明治30年（1897）にようやく保安林制度と営林監督制度を2本柱とした「森林法」が制定され、森林伐採の規制が始まった。

静岡県には明治時代の実業家であり篤志家として知られる金原明善《きんぱらめいぜん》（1832～1923年）がいる。天竜川下流域の名主の家に生まれた明善は「暴れ天竜」の氾濫による大被害を経験し、まず天竜川の治水事業に取り組んだ人物だ。その後、天竜川流域の山々が伐採によって荒れているのを見て、川の氾濫を治めるには健全な森林が必要と考え、流域の山間部でスギやヒノキの植林事業に取り組んだ。それが流域の林業発展の基盤となり「天竜美林」と呼ばれるようになった。実業家としての明善は「金は値打ちのない場所（町）で儲けて、値打ちのある場所（田舎）で遣え」が信条だったという。山、川、海の恵みを享受する暮らしをしてきた日本人にとって、国家の近代化を図る上でも「治山治水」の発想が大切であることを説いていたのだ。

9月初頭、僕は、富士宮市白糸地区のある私有林に向かった。「その日は伐採作業をやってますので」という人物に会うためである。人物の名は井戸直樹さん。山主の依頼で、ヒノキの伐採をやっている。その作業の合い間を縫って話を聞いた。

井戸さんは富士宮市大鹿窪を拠点に「森のたね」というネイチャースクールを主宰している。富士山麓をフィールドとしたアウトドア体験のほかに、狩猟や森林整備などを通じて里山の現状を知ることを目的にしたスクールだ。また「ヒトとシカの共生をめざす取り組み」を理念に掲げる「全日本鹿協会」の理事も務める。自然ガイドとして長年のキャリアを持つ井戸さんには、過去何度か取材をさせてもらったことがあり、ひょうきんなアウトドアの達人といった印象がある。風の噂で狩猟を始めたことを聞き、会って話してみたくなったのだ。

井戸さんが銃猟の免許を取ったのは平成21年（2009）。なぜ始めたのか。

「いろいろですね。自然ガイド業を長年やっていると森の変化がよく分かります。まず富士山麓でのシカの食害の深刻さを肌で感じたことがきっかけかな。自然学校は、アウトドアの楽しさを通して自然の大切さを現場で学んでもらう場でもあるのですが、そこをフィールドにしていると、その先に里山や農村の厳しい現実が見えてくる。自然は楽しい、大切だ——だけでは済まされない現実があります。それを分かってもらうには実際に狩猟という現場に踏み込まなくてはと思ったんです。もう一つ、個人的に家庭菜園をやっているので、おかずにシカの肉も欲しいかなって」

増えすぎたシカ対策としては行政が主導する形で駆除が進められている。「趣味」ではなく、報奨金を出したり、狩猟期間の実質的な延長を実施して「業務」的なものとして、取り組める側面を打ち出している。結果、捕獲頭数は増えた。しかし「駆除は対症療法的なもので、根本的な問題解決にはなっていない。そもそもシカの急激な数の増加の原因を考えると、それはヒト側にあります。シカ問題は環境問題であり、社会問題だと思います。こうした問題に取り組むには、一部の関係者だけでは難しく、一般参加の環境教育や体験活動が必要」と言う。

井戸さんは全日本鹿協会主催の全国大会で『鹿をテーマとしたエコツアー』と題して講演し、その中で、次のように述べている。

〈シカ問題に取り組むには、ヒトとシカの関わり方を考え、行動することが必要な時代となり、行政を主体とした捕獲を中心とした政策面をすすめる一方で、一般参加による対策もすすめる必要がある。

増えたシカに対する取り組みとして、①「個体調整」などの捕獲や「被害防除」を中心とした直接的な取り組みをすすめていく一方で、②シカが健全に暮らせる環境を整えていく「生息地管理」や「生態系保全」の取り組みも必要である。そういった取り組みを進めるには、③「狩猟者の育成」を視野に入れた捕獲活動の理解促進や、有効な「シカ資源利活用」が、シカの問題に取り組むための基礎となる。

1の「個体数調整」や「被害防除」は、狩猟者や農林業従事者など専門的な職業や役割を担う者の活動が中心となるため、一般参加のエコツアーによる取り組みは限られる。しかし、高密度に生息するシカの観察ツアーやシカが森林や中山間地に与える影響などを見るエコツアーが行われており、その取り組みの必要性は理解され始めてきている。

2の「生息地管理」や「生態系保全」については、専門的な職業や役割を担う者の活動は非常に重要であるが、地道な活動も多く、一般参加のエコツアーは大きな役割を求められている。例えば、天然林や人工林の森づくり（里山づくり）活動や、不耕作地管理の活動、果樹園や農地管理の活動などの環境ボランティアなどを含めたエコツアーなどが行われているが、今後さらに活動の広がりが求められている。

3の「狩猟者の育成」や「シカ資源利活用」の取り組みは、全国でシカの食肉加工施設が増えているなど専門的な職業や役割を担う者の活動がもちろん重要であるが、一般参加が非常に求められているといえる。エコツアーにより狩猟の魅力や役割を正しく認識してもらうことも非常に有意義であるし、シカ資源の利活用という意味では、資源を活かすための知恵や技術の普及、資源を身近に使ってもらうための環境教育活動などが行われており、少しずつであるが広がりを見せている〉(「日本鹿研究10号」より抜粋)。

長い引用になったが、ここにはこの国の「野生鳥獣被害対策」を考える上でのヒントがある。キーワードは「一般人」、そして「ボランティア」だ。「森のたね」が関わるツアーの一つに狩猟をテーマにしたエコツアーがある。猟師の案内で実際に山に入り、シカの採食によって被害を受けた森林の様子や、動物の足跡や獣道、糞の痕跡など観察したり、ワナ猟を見学したりするというもの。狩猟について理解を深め、シカと人間の関わりを知ることで森や里山を育てることの大切を考えてもらうのが目的だ。また、シカの解体を行うワークショップを開き、食べることだけでなく、皮や骨など廃棄する部位の利用についても考えようと訴える。

井戸さんが今、力を入れていることに「シカ資源の利活用」がある。「シカの捕獲頭数は全国で年間50万頭くらいです。ジビエブームもあって食肉加工施設は増えていますが、流通している割合が低いことに加え、肉以外の利用についてはまだまだです。1頭のシカでいえば3分の1が利用されているだけで3分の2は捨てられているのが現実です」。そう言って、シカの皮で自作した筆入れやナイフケースを見せてくれた。環境負荷の少ない植物タンニンを使った皮鞣《かわなめ》しの講習会も行っている。

井戸さんは樵でもある。狩猟免許を取ってから間もなく、山仕事を始めた。シカ問題に取り組むうちに、森の現状や森と人との関わり方にも大きな原因があることが分かったからだ。富士山のモミ人工林を混交林化するために、企業やNPOと協力して森づくり活動を行っている。苗木や樹林をシカの食害から守るのに防除ネットではなく、モミの間伐材を使った井桁組みの防除法を試すなど、さまざまな試みを行う。

以前、井戸さんがガイドするツアーに参加した時に感じたのは「森のたね」のツアー参加者は、自然志向で真面目に自然保護を考えている人が少なくないということだ。狩猟ツアーの参加者からは「離農などで遊休農地の増え続けている中山間地は、いっそのこと野生動物の棲み処として明け渡してもいいのではないか。農産物は輸入すれば済む」といった意見もあると聞いた。野生動物を「駆除」するのに抵抗が強い意見だ。

このような例を引くまでもなく、今日ほど〝動物愛護〟の精神が叫ばれている時代はない。動画共有サービスやSNSにはイヌやネコの話題があふれている。クマやトラといった猛獣がペットになっているなどという動画も珍しくない。しかし、野性の本能を持った動物が突然、牙を剝くこともままある。「可愛い」と「恐い」はいつでも背中合わせだ。

多くの人は無益な殺生を好まない。できれば野生動物と人間が適度な距離をもって暮らせる環境が望ましいと考えるものだ。だが、その距離が縮まっているのが現状ではないだろうか。

いわゆるシカ問題の原因として、行政による保護政策や狩猟人口の減少、森林の荒廃、気候変動などが取り沙汰されている。だが、狩猟の世界を取材してみて感じたことは、野生動物と人間の摩擦は、高度経済成長とともに置き去りにされ、疲弊する中山間地の現実だ。過去から引きずってきたさまざまな要因に対応できる人間が質量ともに足りていない。そのことを突きつけられているように感じる。それだけに根が深いともいえる。都会で暮らしていると、中山間地である〝川上〟の実情は見えづらい。だが〝川上〟で起きたことはいずれ〝川下〟にも影響を及ぼすだろう。

今ほど野生動物との付き合い方が難しい時代はない。そして、そうさせている原因は人間の側にある。

あとがき

アメリカの作家マージョリー・キナン・ローリングス（1896―1953年）が1938年に発表した児童文学小説に『小鹿物語』がある。戦後、日本でも訳本が出版され、映画やアニメにもなった。子どもの頃に読んだり、観たりした向きも少なくないはずだ。

物語は自然豊かなフロリダの森に暮らすバックスター家の話。一家は森を切開いて畑を耕し、家畜を飼い、狩りをするほぼ自給自足の暮らしだ。一人息子の寂しい少年ジョディの遊び相手はいつも自然と野生動物たち。そんなある日、父ペニーがガラガラヘビに噛まれ、とっさに近くにいた雌鹿を撃ち、その肝臓で毒を吸出し、一命を取りとめるという事件が起きる。父が殺した雌鹿の側には生まれて間もない小鹿が震えていた。ジョディは両親に頼み込んで、その小鹿を飼うことになる。小鹿はフラッグと名付けられ、ベッドで一緒に寝るほど可愛がった。だが、成長するにつれて大事に育てた作物を食い荒らすようになる。両親に諭され、いったんは森に放つが戻ってきてしまう。たまりかねた母オリーはフラッグを撃って傷を負わせる。そして、最後にジョディは自らの手でフラッグを涙ながらに撃ち殺す。この〝事件〟をきっかけに少年は大人へと成長する。

『小鹿物語』が出版されてから80年以上経っているが色あせない物語だ。そこには人間と自然や野生動物との付き合い方の普遍的なテーマがある。

クマによる人身被害がニュースになる。静岡県においては、近年、そういう話は聞かないが、富士山や南アルプス地域はツキノワグマの主な生息地だ。ツキノワグマは本来、臆病な動物で、ブナやミズナラなど餌の木の実が豊富な落葉樹の深い森に棲んでいる。ただ、ブナが凶作の年は餌を求めて山を下りてくるといわれてきた。さらに、その生息地が奥山から人里近い里山へと広がり、人間に慣れたクマが増えているという。野生動物と人間の距離がどんどん近くなり、摩擦が起きていることは確かだ。

静岡県においては、シカやイノシシによる農林業被害が深刻だ。が、都市部に暮らす人たちにとってはピンと来ないかもしれない。むしろ狩猟によって殺される野生動物への同情の声が多いかもしれない。

この本を書くために、県内の猟師たちを訪ね、話を聞き、狩猟の現場にも同行させてもらった。多くが老齢だが、この国に連綿と続いてきた〝狩猟文化〟の体現者たちだ。自然を読み、森を駆け、そして仕留める。獲物は参加した仲間で分け合い、ありがたく頂く。そこには奪った命への敬意がある。

命のやり取りをする山の現場へ誘ってくれた猟師の皆様、そして森林環境や里山環境についての多くの知識を分けてくれた関係者の皆様に、この場を借りて感謝申し上げる。

令和2年6月吉日　　　高橋秀樹

参考文献

「野生動物管理のための狩猟学」梶光一・伊吾田宏正・鈴木正嗣編、朝倉書店
「自然と共に生きる作法－水窪からの発信」野本寛一著、静岡新聞社
「ふどき」内藤亀文著、水窪町教育委員会
「三坂村郷土誌」三坂尋常高等学校児童保護者会編
「改訂版南アルプス・概論（平成22年）」静岡市環境政策課編
「森の力再生事業10年の取組（平成18年度～27年度）」静岡県経済産業部森林・林業局森林計画課編
「森林・林業白書（平成25年度）」林野庁
「山に生きる人びと」宮本常一著、河出文庫
「山の人生」柳田国男著、角川ソフィア文庫

高橋秀樹（たかはし・ひでき）
1954年鹿児島県生まれ。神奈川大学卒業後、編集プロダクションを経てフリーライターとして独立。子ども時代に山や川で遊んだ記憶をたどるように、自然、アウトドア、田舎暮らし、農林水産業をテーマに執筆活動を続ける。現在、静岡県富士市に在住。著書に『樹をめぐる旅』（宝島社）、『しずおか港町の海ごはん』（静岡新聞社）、共著に『世界遺産 富士山』（宝島社）などがある。

山とけものと猟師の話

2020年6月17日　初版発行

著者	高橋秀樹
装丁・デザイン・装画	塚田雄太
本文イラスト	さげさかのりこ（P112）
レシピ提供	野田康代

発行者	大石剛
発行所	静岡新聞社 〒422-8033 静岡市駿河区登呂3-1-1 電話054-284-1666
印刷・製本	三松堂

乱丁・落丁本はお取り替えいたします
定価はカバーに表示してあります
Printed in Japan
ISBN-978-4-7838-0370-6　C0039